JN233677

# 物理学の「統計的」みかた

### 物理現象の中に"ゆらぎ"をみる

桜井邦朋●著

朝倉書店

Statistical Methods in Physics —From Determinism to Chaos—

# まえがき

　幸運に恵まれて，今までの40年余りの長い間にわたって，宇宙物理学に関わるいくつかの分野について研究してくることができた．200篇近い研究論文と，何冊かの専門書を世の中に送りだし，たとえささやかなりとも，これらの分野の進歩に寄与することができたのは，大変有難く嬉しいことである．
　研究の最前線に立てば，どのような分野であっても，私たち研究者一人ひとりは，国際的な競争の場にさらされることになるし，そのことを感じないなどという人は一人としていないことであろう．人の能力は千差万別で，自分のとそっくり同じだという人は一人としていない．こんなわけで，私たちは自分の能力を最大限に活用できるように考えながら，研究の最前線にあって，目下の研究テーマと格闘することになる．物理学方面の問題の研究にあっては，研究テーマにとりあげた対象について，いろいろと可能な手段と方法を駆使して，実験や観測，あるいは観察を行い，必要とするデータをとりだし，それらを分析して，研究論文として世に問える結果を導くことになる．当然のことながら，このような結果にまでたどりつけない場合もしばしば起こるし，誰か他の研究者に先を越されてしまう場合も多々ある．
　今のべたようなデータを取りだし，それらを分析するに当たって，私たちはいろいろな統計的手法を利用し，研究対象の本質に迫る結果を得ようと努めることになる．自然現象は，それらが物理学の対象であっても，いろいろな要因の作用を受けて，ある種のゆらぎというか不確定さが，得られたデータには常に含まれることになる．こうした不確定さが，偶然のものかそれとも現象に本質的なものなのかについては，データの取り扱い方が正しいかどうかによって，時にはとんでもない誤まった推論や結論を導くことにつながる．
　本書では，研究の道程にあって，私がいろいろな局面で経験してきたことがらを踏まえて，物理学的な研究対象にみられる多様な統計現象や，いろいろな

物理的なデータの統計的な処理法などについて，初等的—やさしいということではない—に扱ってゆくことを試みる．その際，私が研究してきた分野で，私自身が学びとった方法や理論を中心にとりあげてゆくこととする．実際に扱われたいろいろな例を身近にみることで，本書の読者となられた方々は，研究の最前線にあって，実際にどのようなことがなされているのかについて理解されることになるのではないかと著者である私は考えている．研究とは何か大変なことを行うことだと考える向きもあろうが，実際の作業は意外と初等的で，やさしい場合もたくさんあることを理解して頂きたいのである．

また，表題からも推測されるように，いろいろな物理学的な現象を統計的に把握する方法と理論について，本書は考察することに目的がある．したがって，統計物理学とよばれる学問の内容とは，一部を除けばかなり異なっていることになる．ここで扱う領域は，物理的な現象の統計学ということになるわけである．実際に私が研究の過程で出会い，利用した統計的な方法について主に語ってゆくので，この方面の研究を将来すすめてゆく人たちにとっては，ある種の手引き，あるいは，見本といったものとなるであろう．

この方面への私の関心は，30年以上も前のことになるが，京都大学工学部で「統計工学」の講義を担当し，勉強したときに生じたのであった．講義のノートに基づいて，このような本を作ることになってから実際に書き始めるまでに，個人的な理由のために何年もかかってしまったが，ようやくこのような形にまとめることができた．本書で特に強調したいのは，オリジナルな研究の場合でも，時にはかなりやさしいところから研究が始められるのだし，それで十分なことが意外に多いということである．これは私自身の経験からいうのである．その上で，本書の内容が，私たちの自然観の変革に当たって，物理学上のいろいろな問題にみられる統計的な諸現象の研究がどのような役割を果たしてきたかをみて頂けるものとなってくれるであろうとの期待がある．こんな次第で，研究者の道にこれから足を踏み入れる若い人たちに，本書が参考となれる内容をいろいろと含んでいるならば幸いである．

本書では，各節（例えば，1.2節，3.4節）が独立した内容となっているので，最初から順に読みすすむ必要はなく，読者となられた方々が関心をもたれるところから，まず手にとってみて頂ければよいと著者は希望している．とはいうものの，内容的にはすべての節が互いに関連しているので，あとで通読し

て頂くことにより，著者の意図するところをお汲みとり頂けることになろう．

　先にふれたように，構想から執筆に入るまでに，著者の身辺にいろいろなことが起こり，長い時間がかかってしまった．その間，ずっと見守ってきて頂いた朝倉書店編集部の方々に御礼を申しあげる次第である．

　2000年1月

桜 井 邦 朋

# 目　　次

0　はじめに──事の起こり ── 1

1　物理学における統計現象 ── 3
　1.1　物理的な統計現象──いくつかの例　*3*
　　　　自然現象のランダムな変動　*4*
　　　　宇宙線現象にみられる例　*7*
　　　　放射能の現象　*13*
　1.2　気体運動論からの寄与──エントロピーの概念　*19*
　　　　気体運動論の方法　*20*
　　　　統計的分布則　*23*
　　　　熱力学の法則とエントロピー　*25*
　1.3　熱力学の第2法則と物理法則　*31*
　　　　熱力学の第2法則　*32*
　　　　物理現象の非可逆性　*35*
　　　　時間の可逆性・非可逆性　*38*

2　ランダムな物理過程 ── 43
　2.1　乱歩問題と物理的平均というアイデア　*44*
　　　　乱歩問題とは何か　*44*
　　　　乱歩問題からみた拡散過程　*49*
　　　　拡散のパターン──宇宙線の拡散にみる　*51*
　2.2　ブラウン運動と拡散過程　*54*
　　　　ブラウン運動とは何か　*55*
　　　　ブラウン運動の処方　*57*

　　　　　　確率過程と拡散方程式　63
　2.3　ランダム過程とフェルミ過程　71
　　　　　　ランダム過程と確率論　71
　　　　　　拡散のパターン　77
　　　　　　フェルミ過程のアイデア　78
　2.4　物理的な統計現象と誤差法則　87
　　　　　　気体分布則——マクスウェル-ボルツマン分布　88
　　　　　　物理現象にみられる統計的分布則　91
　　　　　　物理現象の測定誤差の分布と誤差法則　92

# 3　物理法則の成立とその根拠 ——————————————101
　3.1　物理法則と確率分布——測定過程をめぐって　102
　　　　　　物理法則の成立根拠　102
　　　　　　測定過程と誤差の推定　103
　　　　　　誤差法則と確率　105
　3.2　測定過程と誤差法則　109
　　　　　　測定過程に関わる誤差　110
　　　　　　平均操作と誤差　115
　　　　　　誤差法則と客観性　118
　3.3　マクスウェルの魔　119
　　　　　　マクスウェルの描像　120
　　　　　　統計的な釣り合いの概念　123
　　　　　　熱力学的な平衡からのずれ　127
　3.4　統計的推測の方法　131
　　　　　　統計的な推測技術　132
　　　　　　時系列に関わる問題　135
　　　　　　推測統計学の方法　139

# 4　物理学における時間の問題 ——————————————145
　4.1　物理的な統計現象と時間　146
　　　　　　時間平均という概念　146

　　　　時系列に関わった問題　149
　　　　時間的に発展する現象　151
　4.2　熱力学的時間と宇宙論的時間　154
　　　　熱力学の第2法則と時間　156
　　　　自然現象の発展と時間　162
　　　　宇宙論における時間　168
　4.3　エントロピーと時間——情報理論との関わり　173
　　　　エントロピーの概念　174
　　　　エントロピーと時間　175
　　　　情報理論とエントロピー　177

# 終章　未来への展望 ——————————————182

さらに学ぶための手引き ——————————————184
付録　正規分布 ——————————————————186
索　　引 ————————————————————187

　コラム1　太陽活動にみられるカオス的振舞い　18
　コラム2　星の質量と光度との関係　29
　コラム3　太陽フレアの発生頻度と重要度——フラクタル的挙動　41
　コラム4　太陽フレア粒子の拡散過程　53
　コラム5　太陽ニュートリノ・フラックスにみられるカオス的振舞い　99
　コラム6　乱流における速度の変動特性　108
　コラム7　ポアンカレと三体問題　117
　コラム8　地球史における生物大絶滅の規模とその発生頻度　129
　コラム9　宇宙の知的生命とドレイク方程式　143
　コラム10　セント・ピータースバーグの問題　152
　コラム11　パスカルとフェルマー——確率論の起源　170
　コラム12　生物学的時間と物理学的時間　179

# 0

## はじめに——事の起こり

　物理学は，自然科学とよばれる学問について研究するとき，どのような分野かを問わず，研究に必要な理論と方法を提供する学問であると考えられている．このことは，物理学の研究対象は，自然界で起こっているどのような現象でもよいことを意味している．これらあらゆる現象を貫いて成り立つ理論や法則などを明らかにするのが，物理学なのだからである．したがって，宇宙物理学的なスケールの大きな現象から，物質の基本構造に関わった極微の世界で起こる現象に至るまで，自然界にみられるあらゆる現象が，物理学の研究対象となる．現在では，生命現象さえ，かなりの部分が物理学的な研究の対象となっている．

　これから以後，物理学的な研究の対象となる多様な自然現象をとりあげて，それら現象の本質を探り，明らかにしていく際になされる統計的な方法についてのべていくが，その際，私自身が主として研究してきた宇宙物理学の領域から，いろいろな題材をとりあげていくことにする．今，統計的な方法といったが，研究の対象には，統計的な処理を施して，対象が織りなす本質が明らかにできる場合が極めて多いのである．この処理には，対象によっては確率論的な過程が内部に含まれている場合もあることを忘れてはならない．

　また，研究の過程で，測定や観察の結果からえられたデータについての統計的な処理を必要とする場合もある．その際には，測定誤差の見積もりや，統計的な検定についての考察が必要となる．数学的には，誤差論や検定法など，数理統計学上の知識が応用されることになるのである．

　自然現象の発生には，どのようなものであっても，予期しえない偶然的なできごとが介在する場合が極めて多く，何らかの法則性を統計的な処理を通じて

導く際にも，誤差の見積もりや，法則性成立の検定など，多様なアプローチが要請されることになる．このようにして，多くの場合，研究はすすめられていくのである．

# 1

# 物理学における統計現象

　自然の中で起こる物理的な現象にはいろいろなものがあるが，その発生と変動に，外部から偶然的に生じる多様なじょう乱（disturbance）が加わり，現象の本質に対する理解を妨げる場合が多い．このような偶然の介在をさけるために，条件を整えた実験室で物理的な現象を再現し，その本質を明らかにする試みが，多くの研究者により，今までなされてきた．実験室内での再現といっても，完全に同じ現象が何回にもわたって作りだされるわけではなく，測定や観測を行うごとに，必ずいくらかの誤差が伴う．このような誤差について見積もり，現象の本質を明らかにするために，いろいろな統計的な方法が研究されてきた．

　現在では，現代物理学の理論と方法が確立されており，私たちはそれらを利用して，自然界にみられる多種多様な物理現象を研究できるようになっているが，これらの理論と方法が疑問の余地のないものとなるには，精密な実験に基づく測定や観測が，本質的な役割を果たしてきたのである．

　この章では，いろいろな物理的な現象をとりあげ，その変動性とそれについての統計的な処理法についてのべるが，その際に，統計的な現象がどのような挙動を時間的に示すのかについて，それぞれの現象にふれながらみていく．その際，著者が研究してきた分野から題材をとりあげて，考察をすすめることとする．

## 1.1　物理的な統計現象——いくつかの例

　自然界に起こる現象には，時間とともに変動しているものが多い．私たちにとって，時間は一方向きにすぎていくものと認識されているが，観察や観測さ

れる自然現象の多くは太陽時によって変動するので，変動には回帰性があり，日周変化のような周期性を示す．太陽は自転しており，太陽面に現れる黒点群などの現象には局地性があるので，太陽の自転周期に関係した周期性を示す現象も実際に起こっている．

このような周期性を伴う現象のほかに，自然界では一過性 (transient) の現象も多数知られている．このような現象の中には，自己組織化臨界現象 (self-organized criticality, SOC) とよばれるものが数多く含まれている．時間的にランダムに継起する現象の大部分が，このような現象であるのは，大変興味深い．

### ▶ 自然現象のランダムな変動

ひとつの例をあげよう．太陽の光球は，黒点群が発生，成長し，やがて衰退していく舞台である．光球の温度が6000 Kほどあるのに，黒点が観測される領域の温度はせいぜい3000 Kほどにしかならないので相対的に暗く，黒点としてみえるのである．何日か続けて太陽を観測していると，個々の黒点が光球面上を東から西に向かって移動していくのがわかる．このことは，太陽が自転していることを示す．光球面上に黒点が発生する割合はいつも同じというわけではなく，大体11年の周期で変わっていくことが，18世紀初め頃，既に明らかにされている．17世紀初めに黒点の発生が発見されて以後に，黒点の年発生数がどのように変わってきたかについては，図1.1に示すような結果がえられている．

この図1.1から，黒点の発生する割合のピーク値にも大きなちがいのあることがわかる．時には，周期性が失われ，17世紀半ば頃から後の約70年にわたって黒点の発生率が極端に小さかったことが，現在では知られている．だが，この期間を除けば，この図から黒点の年発生数には約11年の周期性が存在することがわかる．

太陽の自転については，光球面上の黒点の移動から明らかにされたが，太陽の赤道付近では，その自転周期はほぼ27日であることがわかっている．太陽から直接影響を受ける地球環境や，宇宙線やオーロラの発生などには27日周期で起こる変化の存在が現在知られている．例えば，宇宙線の強度変動についてみると，図1.2に示すように，似た変動のパターンが太陽の自転周期の2，

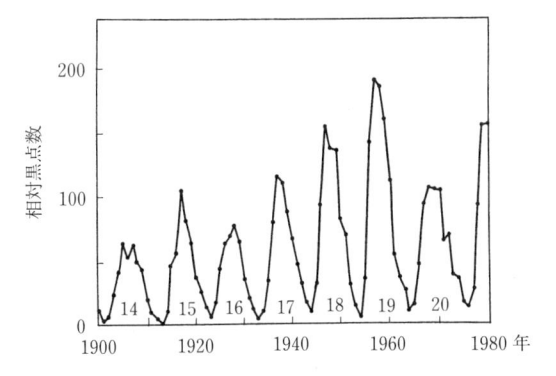

## 1.1 物理的な統計現象——いくつかの例

**図 1.1** 年平均相対黒点数の経年変化
ここには1900年以後のデータを示してあるが，約11年の周期性の存在がわかる．

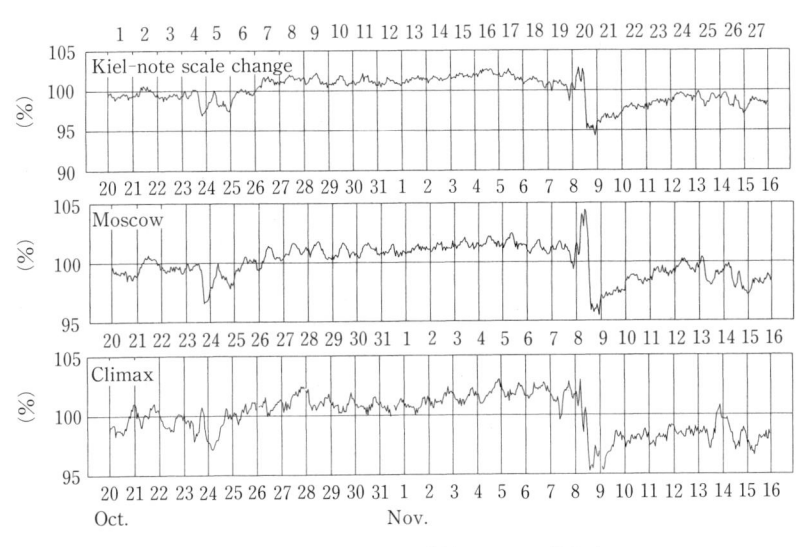

**図 1.2** 宇宙線強度変動に関する27日回帰表示
太陽が約27日周期性の自転をしていることに準拠した表示．

3倍にわたる期間に対して認められる．

地球環境の汚染が，いろいろな方面から現在指摘されており，例えば地球環境の温暖化が懸念されている．これに関連して年平均気温の推移について，過去1世紀ほどの期間についてえられている結果を示すと，図1.3のようになっている．変動の幅は大きいが，平均的には気温が年とともに高くなる傾向をも

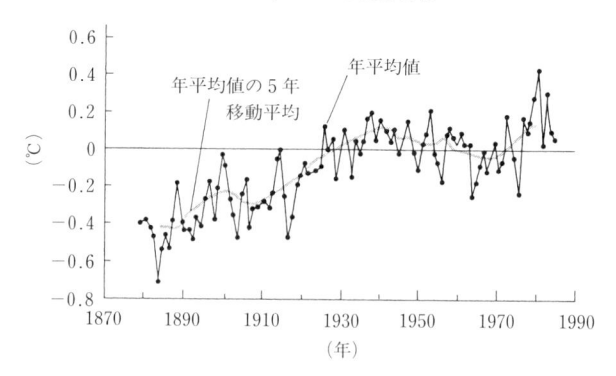

**図1.3** ハワイ・ハレアカラ山頂における年平均気温の経年変化 5年にわたる移動平均曲線が示されている.

つことがわかる.

ここでは3つの例を示したが,気温の場合は,長期にわたって眺めると,気温が上昇する傾向を示すことがわかるから,現象としてはランダムな変動のようにみえても,こうした系統的な変化が背後に潜んでいることが明らかである.図1.1に示した黒点群にはその年発生数(相対黒点数で表示)にほぼ11年の周期性変動が認められる.このように,自然現象には周期的な変化を示すものと,そうではなく時間的に推移していくものなど,いろいろなものがある.このようなわけで,自然現象を統計的に分析し,処理するに際しては,研究対象にとりあげた現象の特性について理解することがまず必要である.

どんなものでも自然現象について研究に必要とするデータを取る際に,私たちが気をつけなければならないことは,ある物理量の変動に対し,時間間隔,測定値や観測値の細かさなどをどう設定するかである.黒点群の場合でも,秒,分といった単位で現象を追いかけねばならない場合もあるし,図1.1に示したように,年単位でよい場合がある.したがって,こちらに何を必要とするかについて明確な目的がなければならない.後でみるように,宇宙線の強度変動にはいろいろな周期に関わった現象や一過性の現象など,多様なものがあるから,時間間隔のとり方が大切となる.気温については,日周変化,年周変化のように周期性に関わるものや,図1.3に示したようなある種の傾向を追求する経年変化など,いろいろと研究の目的に応じて,ちがった扱いをしなければならない場合がでてくることになる.

宇宙線強度の変動については，図1.2に太陽の自転周期を考慮したグラフを示したが，以下に宇宙線強度の変動にみられるいくつかの周期性について考察することにしよう．

### ▷ 宇宙線現象にみられる例

宇宙線とはその大部分が天の川銀河内のどこかで加速・生成された高エネルギーの原子核群から成るもので，その一部が地球の大気中にも迷い込んでくる．その際，大気中の酸素や窒素の分子と衝突しこれら分子を破壊し，その結果，作られた崩壊粒子である中性子やミューオンが地表付近にまで到来し，それらが宇宙線の中性子成分やミューオン成分を作りだす．これらの成分を適当な時間間隔で観測し，いろいろな周期性変動や一過性の変動について研究するものである．

（1） 短周期変動

宇宙線は，高エネルギーのいろいろな原子核の粒子から成るが，その化学組成についてみると，太陽のような種族Ⅰに分類される星や天の川銀河の円板領域に広がる星間物質の化学組成とよく似ている．種族Ⅰの星々は，この円板領域に主として分布しており，多くは散開星団に属しており，相対的に重い原子核が豊富な天体である．

宇宙線粒子を構成する原子核群はほとんどすべてが完全に電離されている，いわば裸の原子核であるから，その電気量は原子番号に比例する．荷電粒子としての宇宙線が地球に接近すると地球磁場の影響により，その運動の軌道が曲げられ，大気中へ入射するフラックスには，地球磁気による緯度効果，経度効果，東西効果などがみられることになる．地球磁場は地球の中心付近に磁気双極子を仮定することで近似されることがわかっているので，これらの効果について，理論的に計算し，入射フラックスについての観測結果と比較することを通じて，宇宙線の性質や太陽系空間の物理状態について推定することが可能となる．

現在，宇宙線は地上付近，あるいは地下深くで大気中で生成された2次成分である中性子やミューオンのフラックスが観測されている．地磁気で決まる緯度に応じて地表付近で垂直入射をはじめ，いろいろな方向からの入射のフラックスが，これら2次成分について測定され，いろいろな周期変動や永年変化に

ここでとりあげるのは，太陽時に関係した宇宙線強度の変動で，日周変化，太陽の自転に伴う27日変化（図1.2に示した），季節変化などである．宇宙線強度は，中性子モニターや電離箱などの計測装置により必要に応じて秒単位の時間から1時間値，時には1日平均値と，いろいろな時間間隔で入射量が測定されている．実際には時間的に連続計測されているから，観測結果は，例えば図1.4のように示される．既にのべたように太陽の自転による影響が，宇宙線強度変動にみられる場合があるので，時間を27日でとって表示することが多い．この図でも，図1.2と同様に表されている．これらの図に表された元のデータは，現在，アメリカ海洋大気局（NOAA）の環境科学研究所から月刊で発行されている「Solar Geophysical Data」に，太陽地球系物理学に関わるいろいろな観測データとともに印刷され，市販されている．また，アメリカ航空宇宙局（NASA）のゴダード宇宙飛行センターに設置されている国立宇宙科学データ・センター（NSDC）から，必要に応じて，これらのデータは手に入れることができるようになっている．

太陽の方向に準拠して，宇宙線強度の変動をみるときには，太陽時による変

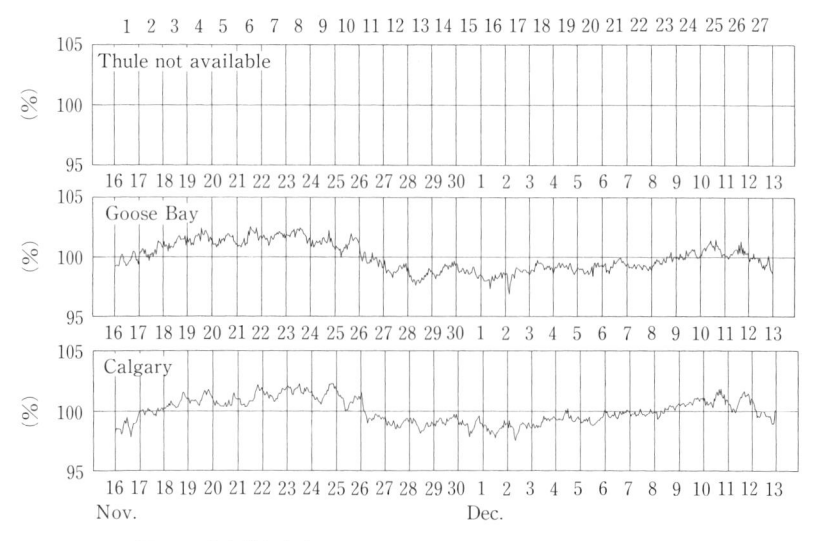

図1.4 宇宙線強度変動にみられるゆらぎ（中性子成分の観測例）

動がまず考えられる．この変動のパターンは，図1.2か図1.4から，日々変わっていっていることがわかるが，大まかなところは同じにみえる．したがって，例えば，1カ月のデータについて平均のパターンを求め，それらがどのような変動成分の組み合わせから成るかについて明らかにすることができる．例えば，地表における垂直入射成分については，そのフラックスを$I$と表したとき，フーリエ級数に展開して，次のように表される．

$$I = A_0 + \sum_{i=1}^{\infty} A_i \sin(i\omega t + \alpha_i) \tag{1.1}$$

ただし，$\omega$は日周変化に対する角振動数を表す．また，$\alpha_i$は初期位相である．1日および半日の両周期変動をとりあげる場合には，上式を，次式に示すように近似する．

$$I = A_0 + A_1 \sin(\omega t + \alpha_1) + A_2 \sin(2\omega t + \alpha_2) \tag{1.2}$$

この式で，日周変動の極大値は$\omega t = \pi/2 - \alpha_1$のときに達せられる．係数$A_0$，$A_1$，$A_2$および位相$\alpha_1$，$\alpha_2$などはある特定の観測所でえられたデータから求められる．いくつかの観測所でえられた，日周変化，半日周期変化の両成分について求めた結果の例は図1.5に示すようなもので，振幅$A_1$，$A_2$，位相$\alpha_1$，$\alpha_2$によりその特性のちがってくることがわかる．日周変化について，(最大)振幅となるのは正午頃だが，観測所の地球上の位置によってこの振幅とその時刻は相互に異なっており，例えば，図1.6に示すようになっている．このような表現

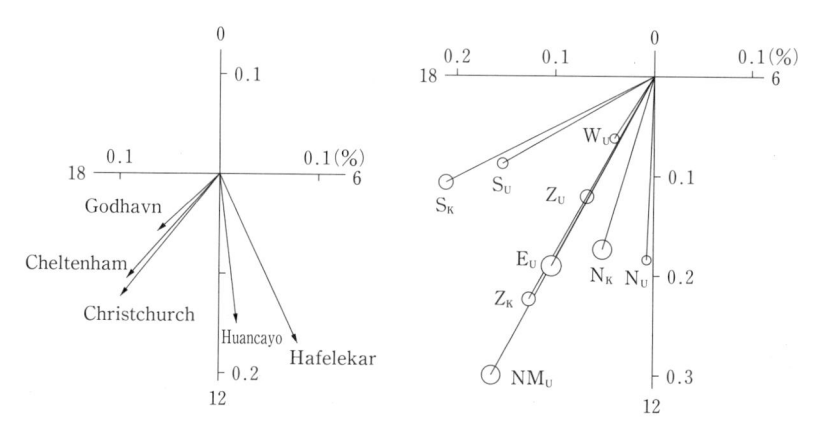

**図1.6** 宇宙線強度変動における最大振幅が観測される時間分布
観測地点（略号で示す）により異なることがわかる．

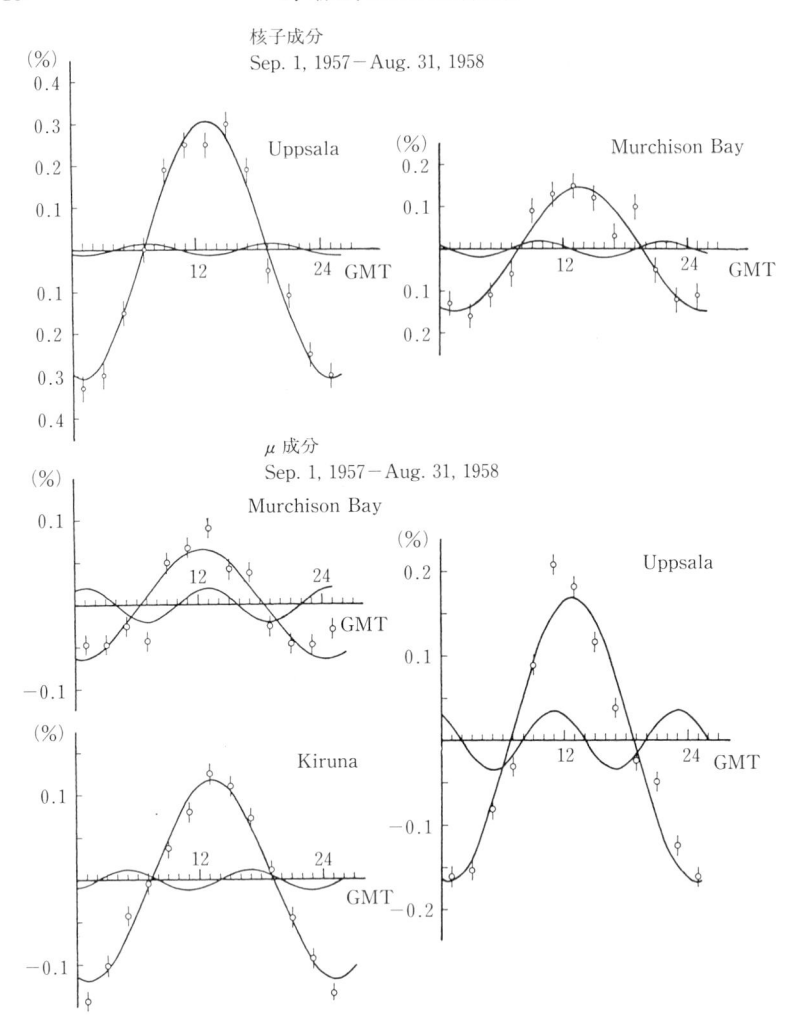

図1.5 宇宙線中性子成分にみられる日周, 半日周両変化
変動の振幅は観測地点によって異なる.

を harmonic dial とよんでいる.

実は, 同一の観測所についても, 日周変化の振幅と位相は長期的にみると変わっていっており, 月単位, 年単位で測ってみたとき, 例えば図1.7のようになっている. 現在では, このような経年変化が太陽活動とどのように関わるか

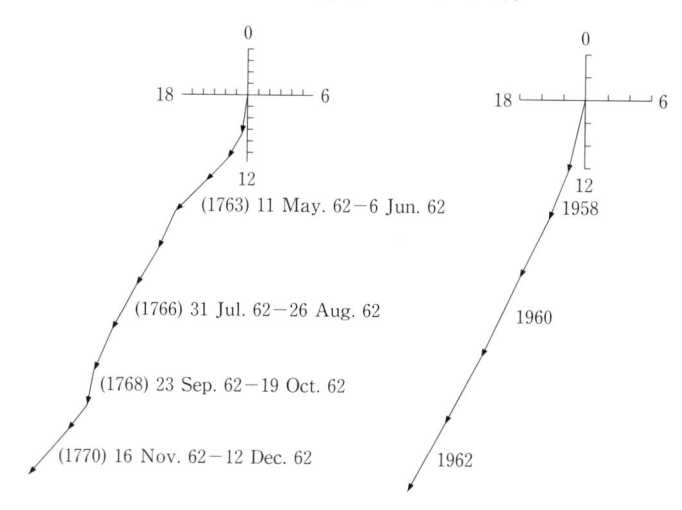

**図1.7**　前図における最大振幅が観測される時間は時間の推移とともに変わっていく

といった問題についても研究がすすんでいる．

**（2）　長周期変動**

　宇宙線粒子は，大部分が裸の原子核から成るので，太陽風中の磁場によって，その運動の軌道が曲げられたり，散乱効果を受けたりする．この磁場は，太陽内部に起因するから，太陽活動に伴って変化している．図1.1に示したように，太陽活動の指標とされる太陽黒点の相対数は，約11年の周期で変動しているために，宇宙線の強度にもほぼ同じ周期の変動成分が存在することになる．最近の40年ほどにわたる期間について，宇宙線中性子成分の強度がどのように変わってきているかをみると，図1.8に示すようになっている．この図には，5年ごとの移動平均をとった相対黒点数の変化が，比較のために描きこまれている．両者の間にはほぼ逆相関の関係があることが推論される．

　しかしながら，相対黒点数および宇宙線中性子強度の両年平均値について，例えば，太陽活動サイクル22（1986—1997）をとりあげて，両者の関係をプロットしてみると，図1.9に示すようになることがわかる．太陽活動の上昇期と下降期について，中性子強度において2000カウント（中性子数）に差が生じるような，ヒステレシスを示す．このようになるのは，図1.8に示したように，相対黒点数の経年変化に，太陽活動の上昇期と下降期で異なった，この数

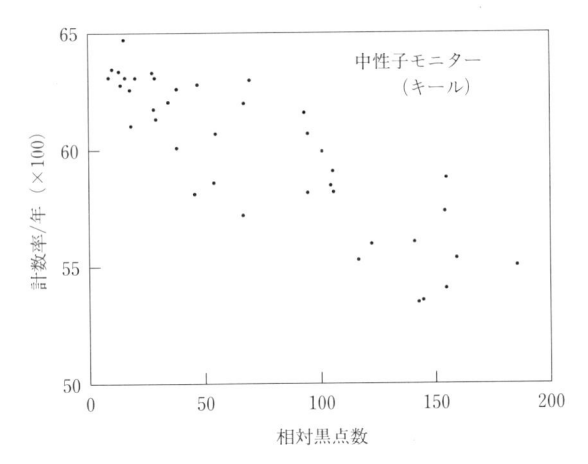

図1.8 ドイツ・キールで観測された宇宙線強度の長期変動

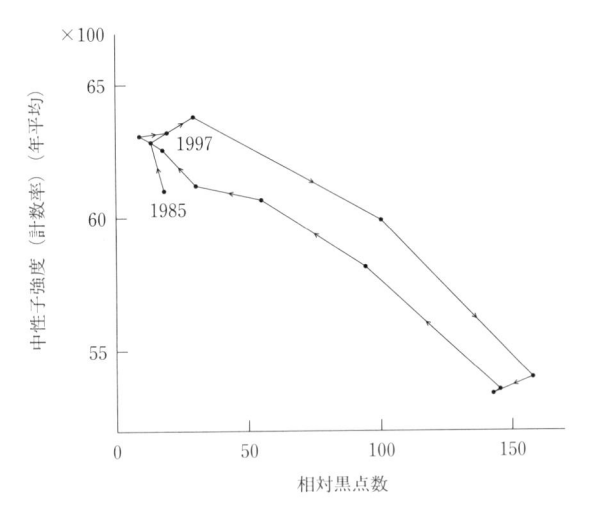

図1.9 年平均宇宙線強度と年平均相対黒点数との関係の時間推移

の変化率を伴うためだと推論される．

太陽磁気については，太陽の両極地方に観測される磁気極性の性質をみると，双極子型を示すことがわかる．ところが，この磁気極性は，太陽活動の極大期に，南北両極で，この極性が逆転する．したがって，この太陽磁気には，約22年の周期性変化が伴っているのである．黒点群が磁気を伴っていること

もよく知られているが，これらの磁気の分布のパターンも，位相はずれているが，同じ周期性変化を示すので，黒点群の磁気と両極地方に観測される磁気との間には因果的なつながりのあることが推論される．太陽磁気の成因に関する研究結果は，このつながりが，光球直下の対流層内で起こっている磁気ダイナモ作用にあることを推察させる．

宇宙線強度変動には，この22年周期変化に伴った成分の存在することも，現在では明らかにされている．

### ▶ 放射能の現象

放射性崩壊には，$\alpha$, $\beta$, $\gamma$とギリシャ文字のアルファベットの最初の3文字で示される3種の崩壊があることが知られている．この崩壊に伴って崩壊をひき起こす原子核の状態が変わるが，$\gamma$崩壊では原子核の種別が変わるわけではなく，原子核内部のエネルギー状態が変わるだけなので，種別の変化はしない．ところが，$\alpha$と$\beta$の両崩壊には，それぞれアルファ粒子，すなわち，ヘリウム核と電子の放出が伴っているので，核種が必然的に変わる．

放射性崩壊を起こす原子核は，今みたことから推測されるように，これらの崩壊を生じることにより当の原子核がより安定な状態に移ることになる．その際，ある特定の1個の原子核については，それが，ある一定の時間で別の原子核へと放射性崩壊の結果移行するのかどうかに対し，私たちには確率的な予測しかできない．だが，多数の同じ種別の原子核の集団については，このある一定の時間において，その何パーセントが放射性崩壊するのかについては，十分な正確さで予想できる．放射性崩壊の結果，元の原子核の数が半分に減ってしまう時間が半減期とよばれている．また，放射性崩壊により，同様にして$1/e$（$e$は自然対数の底）に減る時間は，崩壊寿命とよばれている．放射性崩壊の半減期は，原子核の種別によって決まっており，非常に短いものから，宇宙論的ともいえるような長い時間にわたるものまである．現在，地球上にみつかる放射性原子核の大部分は，地球が形成された当時から現在まで生き残っているものであるから，それらの半減期は相当長い．また地球誕生以後に何らかの機構により形成されたものも，半減期は相当に長い．したがって，これらの原子核については，放射性崩壊の確率が相対的に小さいということになる．

ある確率事象をここでとりあげて考える．この事象について現象の発生が2

律排反的，つまり起こるか起こらないかとすると，ある現象が起こる確率を $p$ ととると，起こらない確率 $q$ は $q=1-p$ と与えることができる．したがって，$n$ 回の試行，または，$n$ 個の事例に対し，$r$ 回だけある現象が起こる確率は，数学的には，2項分布で与えられるから，この確率を $W(r)$ とおくと，

$$W(r) = {}_nC_r p^n (1-p)^{n-r} \tag{1.3}$$

と与えられる．この式で ${}_nC_r$ は，$n$ 個の事例から $r$ 個をとる組み合わせの数を表す．このときの2項分布の平均値 $\lambda$ は

$$\lambda = \sum_{r=0}^{n} r \, {}_nC_r p^r (1-p)^{n-r} = np \tag{1.4}$$

また，標準偏差 $\sigma$ は

$$\sigma^2 = \sum_{r=0}^{n} (r-\lambda)^2 \, {}_nC_r p^r (1-p)^{n-r}$$
$$= \sum_{r=0}^{n} r^2 \, {}_nC_r p^r (1-p)^{n-r} - \lambda^2$$

と与えられる．右辺の第1項は

$$\sum_{r=0}^{n} r^2 \, {}_nC_r p^r (1-p)^{n-r} = n(n-1)p^2 + np \tag{1.5}$$

となるので，標準偏差 $\sigma$ は

$$\sigma^2 = n(n-1)p^2 + np - \lambda^2$$
$$= np(1-p) \tag{1.6}$$
$$= npq \tag{1.6}'$$

から求められる．

　放射性崩壊は，その起こる確率が非常に小さいので，今みた2項分布については，$p$ が非常に小さい場合に相当するものと考えてよい．したがって，$p \to 0$ ととった場合を考えると，平均値 $\lambda$ については不変ととってよいから ($\lambda = np$)，$p = \lambda/n$ であることを考察すると，

$$W(r) = {}_nC_r \left(\frac{\lambda}{n}\right)^r \left(1-\frac{\lambda}{n}\right)^{n-r}$$
$$= \frac{n!}{r!(n-r)!} \frac{\lambda^r}{n^r} \left(1-\frac{\lambda}{n}\right)^n \left(1-\frac{\lambda}{n}\right)^{-r}$$

となる．ここで，$n \to \infty$ とすると，

$$\frac{n!}{(n-r)! \, n^r} \to 1, \quad \left(1-\frac{\lambda}{n}\right)^r \to 1, \quad \left(1-\frac{\lambda}{n}\right)^n \to e^{-\lambda}$$

と近似できるから
$$W(r) = e^{-\lambda}\frac{\lambda^r}{r!} \tag{1.7}$$
という分布則が導かれる．これはポアッソン分布とよばれる．

時間 $(0, t)$ の間隔内で，$r$ 個の放射性崩壊があり，そのときの崩壊定数を $k$ ととれば，崩壊の確率 $P_r(t)$ は，$(t, t+dt)$ の時間間隔で，1 個の崩壊が起こる確率は $(n-r)k dt$ で与えられるから
$$\frac{dP_r(t)}{dt} = -(n-r)kP_r(t) + (n-r+1)kP_{r-1}(t) \tag{1.8}$$
という式がえられる．右辺の第 2 項は，崩壊の結果，$P_r(t)$ へ 1 個供給される確率を与える．上式の解は，
$$P_r(t) = {}_nC_r e^{nkt}(e^{kt}-1)^r \tag{1.9}$$
と求まるから，$n$ 個の原子核の中のどれか 1 個が $(0, t)$ の時間内に崩壊する確率が $(1-e^{-kt})$ であることを考慮し，前と同様に $n \to \infty$，$k \to 0$，$nk \to \alpha$ と仮定すると，式 (1.9) は
$$P_r(t) = e^{-\alpha t}\frac{(\alpha t)^r}{r!} \tag{1.10}$$
となり，先に求めた式 (1.7) と同じ表式となっていることがわかる．ただし，$\alpha$ は $r$ 個の原子核が崩壊する崩壊定数に相当する．

放射性崩壊の確率が非常に小さい，つまり，$k \to 0$ の極限では放射性崩壊は，時間的には，ポアッソン過程とよばれる過程を通じて起こるのだということができる．太陽の中心部ですすむ熱核融合反応は，水素核 4 個からヘリウム核 1 個を直接合成する陽子・陽子連鎖反応を中心としたもので，表 1.1 に示すように 3 つの競争過程から成る．これらの過程の中で，第 3 の PP III 過程の副産物である相対的に高エネルギーの電子ニュートリノ ($\nu_e$) を測定する方法が，放射化学的な手段を利用して開発されている．この方法は
$$\nu_e + {}^{37}\text{Cl} \longrightarrow {}^{37}\text{Ar} + e^- \tag{1.11}$$
という反応を利用するものである．電子ニュートリノは，太陽から到来するもので，標的となった塩素の同位体 ${}^{37}$Cl 中の中性子と反応し，上式のようにアルゴンの同位体 ${}^{37}$Ar を生成する．この同位体の崩壊の半減期は約 35 日で，K 電子捕獲を経て，元の ${}^{37}$Cl に戻る．このときに放出される X 線を検出して，太

**表1.1** 太陽中心部ですすむ熱核融合反応：陽子・陽子連鎖反応

| 名称 | 反応 | % |
|---|---|---|
| pp | $^1_1H + ^1_1H \longrightarrow ^2_1H + e^+ + \nu_e$ | 99.75 |
|  | または |  |
| pep | $^1_1H + e^- + ^1_1H \longrightarrow ^2_1H + \nu_e$, |  |
|  | $^2_1H + ^1_1H \longrightarrow ^3_2He + \gamma$ | 0.25 |
| PP I | $^3_2He + ^3_2He \longrightarrow ^4_2He + 2^1_1H$ | 86.0 |
|  | または |  |
|  | $^3_2He + ^4_2He \longrightarrow ^7_4Be + \gamma$ |  |
| PP II | $^7_4Be + e^- \longrightarrow ^7_3Li + \nu_e$, |  |
|  | $^7_3Li + ^1_1H \longrightarrow 2^4_2He$ | 14.0 |
|  | または |  |
| PP III | $^7_4Be + ^1_1H \longrightarrow ^8_5B + \gamma$, $^8_5B \longrightarrow ^8_4Be^* + e^+ + \nu_e$, |  |
|  | $^8_4Be^* \longrightarrow 2^4_2He$ | 0.02 |

陽から到来する電子ニュートリノのフラックスを実験的に求めるのである．

式(1.11)で記述されるニュートリノ反応を利用して，太陽から地球に到来する電子ニュートリノをつかまえるために，アメリカのレイ・デーヴィス (R. Davis) は 600 トンのパークロロエチレンを円筒状の大きな容器につめて，地下 1500 m のところに設置して，1964 年から太陽からの電子ニュートリノのフラックスについて観測を始めたのであった．パークロロエチレン中の塩素の同位体 $^{37}$Cl が，式(1.11)に示した標的とされたのである．理論的には，これだけの大量のパークロロエチレンを用意しても電子ニュートリノが関与する反応の断面積が極端に小さいので，$^{37}$Ar の生成量は 2 日に 1 個程度であるから，その検出は大変難しい．だが，デーヴィスは，この難問題を解決し，既に 20 年余りにわたるフラックスの測定結果をえている．その結果は，図1.10 に示すようにフラックスは一定ではなく，その変動の幅がかなり大きいことがわかる．その上，理論的な予測の1/3 程度にしか観測値がなっていないのである．

図1.10 に SNU（太陽ニュートリノ単位）に換算したフラックスの測定結果が示してあるが，これは 600 トンのパークロロエチレン中に存在が想定される $10^{36}$ 個の塩素 37（$^{37}$Cl）の中の 1 個が式(1.11)に示した反応をする割合を SNU = 1 として表したものである．現在の明るさを維持するためには，太陽からの電子ニュートリノのフラックスは，この単位で $9.3^{+1.2}_{-1.4}$ SNU でなければならないが，測定結果は $2.55 \pm 0.25$ SNU と 1/3 以下となっている．これだけのちがいが生じる理由を探し求める研究の課題が，太陽ニュートリノ問題と現在よばれているのである．

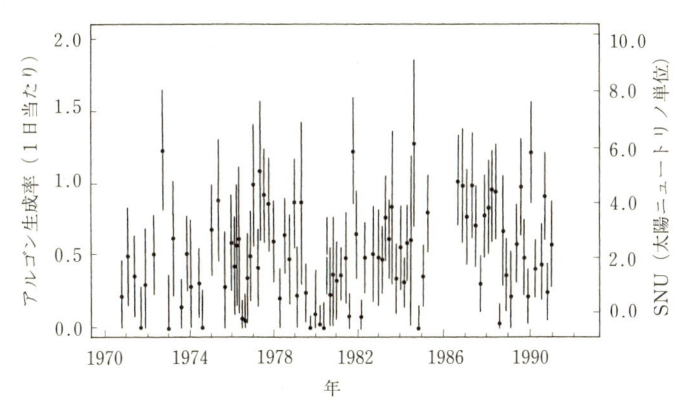

## 1.1 物理的な統計現象——いくつかの例

**図 1.10** 太陽ニュートリノ・フラックスの経年変化
測定装置内で生成されたアルゴンの放射性同位体 $^{37}$Ar の数からこのフラックスは推定される.

図 1.10 に示した結果を,フラックスの大きさとその観測事例数との関係について書き換えると,図 1.11 にみられるようなパターンがえられる.この結果はこの観測事例数がほぼポアッソン分布に従っていることを示す.この分布が実際に適用できるとすると,式 (1.7) から平均値は $\lambda = np$ であるから,$\lambda \fallingdotseq 2.5$ となる.したがって,事例数 $n$ からみて反応が起こる確率 $p$ が極めて小さ

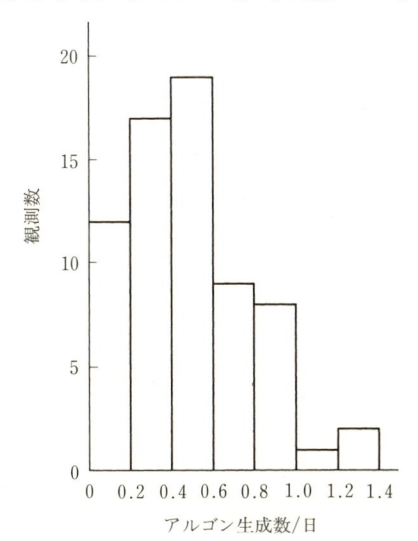

**図 1.11** 太陽ニュートリノ・フラックスの観測結果から推定した事例数分布

━━ コラム 1 ━━

### 太陽活動にみられるカオス的振舞い

　太陽活動（solar activity）は，太陽の光球面上に観測される黒点群の発生数により表される．この数は，黒点群の数と個々の黒点の数とから表される．前者を10倍した結果に，後者を加え合わせたものを相対黒点数とよび，これが太陽活動の指標とされている．この数の大きさにほぼ比例して，地球磁気の激しい乱れやオーロラの発生回数が変化するのである．

　相対黒点数は，太陽が自転しているので，時の経過とともに変わっていく．毎日の観測結果から求められた年平均相対黒点数は，毎年同じになるわけではなく，ほぼ11年の周期で増減をくり返している．今ここで，この年平均相対黒点数を，例えば，1957年，1958年，次いで，1958年，1959年というように相次ぐ2つの年の組の相対黒点数を，最初の年の数を横軸に，あとの年の数を縦軸にそれぞれプロットした点を順につないで点列を作ると，図A.1に示すような結果がえられる．

　この図には，1900年から1980年まで81年にわたる年平均相対黒点数について，先にのべたような相次ぐ2年の組に対する場合が示されている．こうした組に対する点が，時計回りに約11年の周期で移動していっているのがわかる．こ

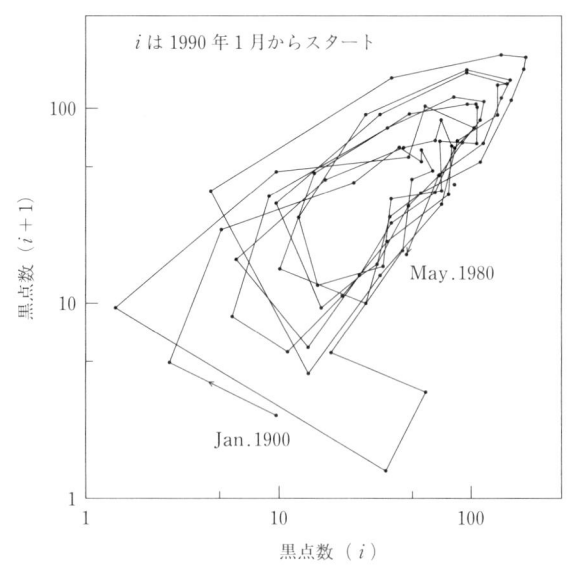

**図 A.1**　年平均相対黒点数の経年変化にみられるカオス的パターン

の結果は，黒点群の消長で代表される太陽活動が，カオス的な振舞いを示すことを教えてくれる．

　図A.1では，相次ぐ2年に対する年平均相対黒点数の組を作り，それを2次元的に表したのだが，相隣る3年に対する年平均相対黒点数について，順に1年ずつ移動させてできる組の点を，3次元的に表示すると，3次元空間座標における太陽活動の変動特性が求められる．この特性も，当然のことながら，約11年の周期性をもつカオス的な振舞いを示すのである．

いことがわかる．

　後の4.1節で，太陽活動の長期変動の研究にとって，放射性炭素（$^{14}$C）の木の年輪中への蓄積量に関するデータが貴重な貢献をしたことについてふれる．宇宙線の起源の研究においては，$^{26}$Al，$^{53}$Mn，$^{55}$Feなどの放射性原子核が大切な情報をもたらすことだけ，ここではふれておく．

## 1.2　気体運動論からの寄与——エントロピーの概念

　物理的な現象の中で，統計的に取り扱われる典型的な例として気体運動論をここでとりあげる．同一粒子から成る集団，または，いくつかの異なった種類の粒子から成る集団について，これらの集団が外部から加わった力，つまり，外力の作用の下にどのような挙動をするかを，統計的に研究するのが，この気体運動論である．これは個体として扱われる多数の粒子の集団についての考察なので，時には多体問題とよばれることがある．

　ある気体粒子の集団について，その挙動を統計的に取り扱う際に，最も基本的だと考えられることは，この集団を構成する個々の粒子が，統計的にみてどのような速度分布を外力の作用の下でとるのかという問題であろう．その際，最も重要なことは，外力の作用がない，いい換えれば，力学的にみて，平衡な場合の速度分布について明らかにすることであろう．外力の作用は，この平衡状態における速度分布をどのように変えるかに関わっており，その結果として，その集団に運動や乱れが生じる．気体が示すいろいろな性質は，この速度分布の変化に関わっているのである．

　今までにのべたことから，気体運動論は，気体を構成する個々の粒子が，ひとつの集団としてどのような挙動を示すのかについて研究する学問分野であるといってよいことがわかる．したがって，この気体の挙動を統計的に扱う方法

を工夫することが必要となる．その際大切なことは，マクロ（巨視的）にみたとき，気体が既に知られているボイル-シャールの法則ほかの特性をこの方法から導けることである．

気体運動論の研究は，気体を構成するのが原子や分子のレベルのサイズの粒子であることが明らかになる以前に，ダニエル・ベルヌーイ（D. Bernoulli）によって研究され，その後，マクスウェルやボルツマンによる統計的方法の展開がなされた．だが，例えば，地球の大気を構成する粒子が分子レベルのものであり，分子の実在が明らかにされたのは 20 世紀に入ってからで，アインシュタインによってであった．平衡状態にある気体の速度分布に関するいわゆるマクスウェル-ボルツマン分布が，実在の分子の集団に対して成り立つことは，実は，アインシュタインによるブラウン運動に関する理論の成功から明らかにされたのである．

現在では，ボルツマンによって研究された統計的方法は，気体運動論の根幹を成しており，プラズマとよばれる電離気体の挙動に関する研究でも大いに偉力を発揮している．ここでは，多数粒子が形成する集団の統計的な振舞いについて考察し，物理的な統計現象のひとつの例としたい．

## ▶ 気体運動論の方法

気体運動論において，基本的な役割を果たすのは，粒子群がある時刻 $t$ に，ある位置 ($r$) における体積要素 ($dr$) について，ある速度範囲 ($v, v+dv$) に対し，どのような速度分布をとるのかということである．この速度分布を $f(r, v, t)$ と表したとき，気体の粒子数は

$$f(r, v, t)drdv$$

と与えられると定義する．この $f(r, v, t)$ は，気体の速度分布関数とよばれ，気体の平均的な性質を表すものとする．ここで，体積要素 $dr(=dxdydz)$ に含まれる全粒子数を $ndr$ ととると，この数は速度分布関数 $f(r, v, t)$ と速度空間で積分することから求まる．したがって，$n$ は次式のように求められる．ただし，$dv = dv_x dv_y dv_z$ である．

$$n = \int_{-\infty}^{\infty} f(r, v, t) dv \tag{1.12}$$

今ここで，$\phi(r, v, t)$ を位置，速度および時間の関数ととると，体積要素 $dr$

中の粒子数 $nd\boldsymbol{r}$ に対する平均 $\bar{\phi}$ は

$$\bar{\phi} = \frac{1}{n}\int_{-\infty}^{\infty} f\phi d\boldsymbol{v} = \frac{\int f\phi d\boldsymbol{v}}{\int f d\boldsymbol{v}} \tag{1.13}$$

と与えられる．上式では変数の表示を省いてある．粒子群の平均速度 $\bar{v}$ についても同様に求められる．

$$\bar{\boldsymbol{v}} = \frac{1}{n}\int f\boldsymbol{v} d\boldsymbol{v} \tag{1.14}$$

ここで，粒子の質量を $m$ ととり，$\phi = m\boldsymbol{v}(=\boldsymbol{p})$ とすれば，平均運動量 $\bar{\boldsymbol{p}}$ が，また，$\phi = mv^2/2$ ととれば，平均の粒子エネルギー $m\overline{v^2}/2$ が求められる．この平均の粒子エネルギーは，気体の温度 $T(\mathrm{K})$ と，次の関係式を満たすことは，よく知られているであろう．

$$\frac{1}{2}m\overline{v^2} = \frac{3}{2}kT \tag{1.15}$$

ここに，$k$ はボルツマン定数である．

速度分布関数 $f(\boldsymbol{r}, \boldsymbol{v}, t)$ は，位置，速度，それに時間の関数なので，これらの変数の変化に伴って変わってゆく．短い時間 $dt$ の間には，$\boldsymbol{r}' = \boldsymbol{r} + \boldsymbol{v}dt$, $\boldsymbol{v}' = \boldsymbol{v} + \boldsymbol{F}dt$, $t' = t + dt$（ただし，$\boldsymbol{F}$ は単位質量に働く力）と変わるので，

$$f'(\boldsymbol{r}', \boldsymbol{v}', t') = f(\boldsymbol{r} + \boldsymbol{v}dt, \boldsymbol{v} + \boldsymbol{F}dt, t + dt)$$

となる．このような変化が気体を構成する粒子間の衝突などの相互作用から生じたのだとすると，短い時間 $dt$ の間における速度分布関数の変化は，

$$\{f(\boldsymbol{r} + \boldsymbol{v}dt, \boldsymbol{v} + \boldsymbol{F}dt, t + dt) - f(\boldsymbol{r}, \boldsymbol{v}, t)\}d\boldsymbol{r}d\boldsymbol{v}$$

と表され，この結果は，$\{(\partial f/\partial t)_\mathrm{c} + (\partial f/\partial t)_\mathrm{e}\}d\boldsymbol{r}d\boldsymbol{v}$ に等しいとおける．ただし，$(\partial f/\partial t)_\mathrm{c}$ は粒子間の衝突による速度分布関数の時間変化の割合であり，$(\partial f/\partial t)_\mathrm{e}$ は粒子の加速などによる変化分である．外力などの作用がない場合には，$(\partial f/\partial t)_\mathrm{e}$ は無視してよい．

したがって，上記の式から，$dt \to 0$ ととると，

$$\frac{\partial f}{\partial t} + (\boldsymbol{v}\cdot\nabla)f + (\boldsymbol{F}\cdot\nabla_\mathrm{v})f = \left(\frac{\partial f}{\partial t}\right)_\mathrm{c} \tag{1.16}$$

という式が求まる．この式で $\nabla = \boldsymbol{i}(\partial/\partial x) + \boldsymbol{j}(\partial/\partial y) + \boldsymbol{k}(\partial/\partial z)$, $\nabla_\mathrm{v} = \boldsymbol{i}(\partial/\partial v_x) + \boldsymbol{j}(\partial/\partial v_y) + \boldsymbol{k}(\partial/\partial v_z)$ である．$(\boldsymbol{i}, \boldsymbol{j}, \boldsymbol{k})$ は，直交座標 $(x, y, z)$ の 3 軸方向の単位ベクトルである．今求めた式(1.16)は，ボルツマンの方程式とよばれ

次に，式(1.16)の右辺がどのように表されるかについて考察する．2個の粒子間の衝突だけを考えればよいので，その取り扱いについてここで考える．今，微小な速度領域 $(\boldsymbol{v}, \boldsymbol{v} + d\boldsymbol{v})$ について，この領域にある粒子は，他の粒子との衝突がいったん起こると速度が変わり，この領域からでていく．衝突される粒子の速度領域を $(\boldsymbol{v}_1, \boldsymbol{v}_1 + d\boldsymbol{v}_1)$ とすると，衝突の頻度は時間 $dt$ において，これら粒子のそれぞれの密度の積に比例するから，粒子が角度 $(\theta, \theta + d\theta)$ の範囲に散乱される粒子の数は

$$f(\boldsymbol{v})d\boldsymbol{v}f(\boldsymbol{v}_1)d\boldsymbol{v}_1|\boldsymbol{v}_1 - \boldsymbol{v}|\Phi(|\boldsymbol{v}_1 - \boldsymbol{v}|, \theta)2\pi\sin\theta d\theta dt \qquad (1.17)$$

と与えられる．散乱は等方的に起こるとここでは仮定してある．また $\Phi(|\boldsymbol{v}_1 - \boldsymbol{v}|, \theta)$ は衝突の微分断面積とよばれる．$\Delta\boldsymbol{v} = \boldsymbol{v}_1 - \boldsymbol{v}$ は相対速度である．

今ここで，図 1.12 に示すように，標的となる粒子 O に接近する粒子 P をとりあげると，図中の $b$ は衝突係数とよばれるもので，式(1.17)から

$$-\Phi(|\boldsymbol{v}_1 - \boldsymbol{v}|, \theta)2\pi\sin\theta d\theta = 2\pi b db \qquad (1.18)$$

と表される．次に，粒子間の衝突の結果，速度領域 $d\boldsymbol{v}d\boldsymbol{v}_1$ に入ってくる粒子の数は，衝突前後の速度が $\boldsymbol{v}', \boldsymbol{v}_1'$ から $\boldsymbol{v}, \boldsymbol{v}_1$ と変化し，散乱される角度の大きさ（絶対値）は $\theta$ となるのであるから，

$$f(\boldsymbol{v}')d\boldsymbol{v}'f(\boldsymbol{v}_1')d\boldsymbol{v}_1|\boldsymbol{v}_1' - \boldsymbol{v}'|\Phi'(|\boldsymbol{v}_1' - \boldsymbol{v}|, \theta)2\pi\sin\theta d\theta dt \qquad (1.19)$$

と求められる．衝突前後の相対速度の大きさは不変に維持されるので，

$$|\boldsymbol{v}_1 - \boldsymbol{v}| = |\boldsymbol{v}_1' - \boldsymbol{v}| \qquad (1.20)$$

であり，また

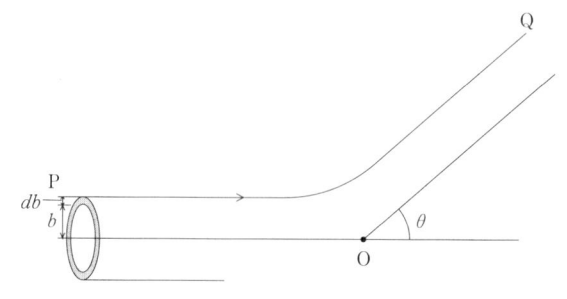

図 1.12　2個の気体分子が衝突する際のパラメータの設定
標的となった気体分子 O に，気体分子 P が遭遇する場合．

$$dv_1 dv = dv_1' dv' \tag{1.21}$$

である．

式(1.16)の右辺，$(\partial f/\partial t)_c$は，2つの式(1.20)，(1.21)を考慮し，(1.19)から(1.17)を引いて，$b$と$v_1$について積分することにより求められる．したがって，

$$\left(\frac{\partial f}{\partial t}\right)_c = \iint (f(v')f(v_1') - f(v)f(v_1))|v_1 - v|2\pi \sin\theta d\theta dv_1$$

$$= \iint (f(v')f(v_1') - f(v)f(v_1))|v_1 - v|2\pi b db dv_1 \tag{1.22}$$

と表される．この結果を式(1.16)の右辺に用いた式が，衝突項を具体的な表式で表したボルツマン方程式である．

### ▷ 統計的分布則

平衡の状態では，ある特定の微小領域に，粒子間の衝突による粒子の出入は，みかけ上 0 となっているはずであるから，式(1.22)において，$(\partial f/\partial t)_c = 0$，いい換えれば，この式の右辺の被積分項，$f(v')f(v_1') - f(v)f(v_1) = 0$ となっていなければならない．したがって，

$$f(v')f(v_1') = f(v)f(v_1) \tag{1.23}$$

が成り立つ．関数 $f(v)$ は，速度ベクトル $v$ に対し，対称でなければならないから $f(v) = f(-v)$，したがって，$f(v)$ は $v^2$ の関数であることが要請される．

2粒子間の衝突では，エネルギーが保存されるから，$v'^2 + v_1'^2 = v^2 + v_1^2$ が成り立つ．ここで，$v_1'^2 = 0$ とおくと，

$$f(x)f(y) = f(0)f(x+y)$$

の形に書ける．上式を $y$ で微分し，そのあとで，$y = 0$ ととると，

$$\frac{f'(x)}{f(x)} = \frac{f'(0)}{f(0)} = \text{const} \quad (= a(>0)) \tag{1.24}$$

がえられる．この式より，$f(v)$ は，

$$f(v) = Ae^{-av^2} \tag{1.25}$$

のように表されることがわかる．右辺で指数がマイナス（－）になっているのは，式(1.7)から明らかなように，速度 $v$ についての積分が有限でなければならないためである．

次に，$A, \alpha$ を決める．式(1.7)から

$$\int f(\boldsymbol{v})d\boldsymbol{v} = n \tag{1.26}$$

また，

$$\int \frac{1}{2}mv^2 f(\boldsymbol{v})d\boldsymbol{v} = \frac{3}{2}nkT \tag{1.27}$$

が成り立つはずであるから，これらの式から，

$$A = n\left(\frac{\alpha}{\pi}\right)^{3/2}, \qquad \alpha = \frac{m}{2kT}$$

と求まる．したがって，式(1.25)は

$$f(\boldsymbol{v}) = n\left(\frac{m}{2\pi kT}\right)^{3/2} e^{-mv^2/2kT} \tag{1.28}$$

となる．この表式は，マクスウェル-ボルツマンの速度分布関数とよばれる．平衡の状態では，気体粒子の速度は，この式が与える分布則にしたがう．式(1.28)について，$v_x$, $v_y$ に関して積分すると，$f(v_z)$ が求まる．

$$f(\boldsymbol{v}_z) = n\left(\frac{m}{2\pi kT}\right)^{1/2} e^{-mv_z^2/2kT} \tag{1.29}$$

このような形式に表される分布は，ガウス分布とよばれることをここで注意しておく．ガウス分布で表されるいろいろな現象については，今後，この本でしばしば出会うであろう．

速度空間における粒子の速度分布は，速度が $(\boldsymbol{v}, \boldsymbol{v}+d\boldsymbol{v})$ の微小領域にある場合には $f(\boldsymbol{v})d\boldsymbol{v}$，したがって，分布が等方的なとき，$d\boldsymbol{v} = 4\pi v^2 dv$ ととれるから

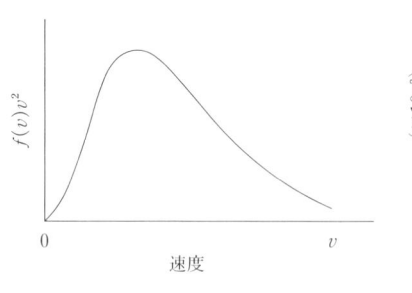

$$4\pi f(\boldsymbol{v})v^2 dv$$

図1.13 速度空間で表現した気体分子の速度分布　　図1.14 2乗平均速度と平均速度との関係

となる.この結果をグラフに示すと,図1.13のようになる.上式を用いて,速度の大きさの平均値 $\bar{v}$,2乗平均値 $\overline{v^2}$ のルート,それに,中央値,$v_m$ の3つを求めた結果は,図1.14に示すように,ごくわずかだが,互いにちがっている.

## ▷ 熱力学の法則とエントロピー

熱力学は,例えば,ある物質系において,熱エネルギーの授受とそれによる力学的な仕事との関わり,および,この仕事の効率があるひとつの循環過程において,どのようになっているのかについて研究する学問分野だといってよいであろう.このような粗っぽい定義では物足りないかもしれないが,前者は,熱力学の第1法則,つまり,力学的な仕事におけるエネルギーの保存則に関わるものであり,エネルギーには通常,私たちが熱とよぶ物質系構成分子の熱運動のエネルギーも考慮されている.後者は,熱力学の第2法則,つまり,エントロピー増大の法則に関わっている.この法則は熱エンジンのような循環過程を含む系では,熱エネルギーを完全に力学的な運動のエネルギーに,仕事を通じて,転換することが不可能であることをのべたものなのである.

熱運動とは,ここでとりあげている気体を構成する分子が,平衡の状態においては,等方均一に,マクスウェル-ボルツマンの分布則にしたがって運動していること,したがって,各分子のもつ運動のエネルギーは,式(1.15)のように表されることになる.この気体において,各分子が運動中に互いに激しく衝突し合っているとすると,この気体中に温度計をさし入れたときには,その温度が式(1.15)の $T$ で与えられることになる.熱運動のエネルギーは分子1個に対しては,平均値では,式(1.15)に示すように表され,これから,気体がある容器に収められていた場合には,気体の圧力が生じるのである.

式(1.15)において,デカルト座標系を考慮すると,$\overline{v^2} = \overline{v_x^2 + v_y^2 + v_z^2} = 3\overline{v_x^2}$ ととれるから,

$$m\overline{v_x^2} = kT$$

となる.したがって,粒子密度を $\rho(= n/V ; V$ は容器の容積) ととると,圧力 $P_x$ は $P_x = \rho m \overline{v_x^2}$,これから

$$P_x = \rho kT \tag{1.30}$$

が求まる.圧力も等方的だから,$P_x = P$ ととり,$V$ を考慮すると

$$PV = nkT = rN_0kT$$

$N_0k = R$（気体定数）ととると（ただし，$N_0$ はアボガドロ数）

$$PV = rRT \tag{1.31}$$

がえられる．これは，ボイル-シャールの法則である．ここで，$r$ は気体のモル数を表す．

熱力学の第1法則は，あるひとつのシステムに対し，出入する熱エネルギーを $dQ$，このシステムの内部エネルギーを $dU$，また，このシステムになされる力学的な仕事（次元は，エネルギー）を $-PdV$ ととったとき，次式のように表される．

$$dU = dQ - PdV \tag{1.32}$$

このシステムの定積比熱を $C_v$ ととると，$dU = C_v dT$ で与えられるから

$$C_v dT = dQ - PdV \tag{1.32}'$$

と書き換えられる．この式の両辺を，このシステムの温度 $T$ で割って，$dS = dQ/T$ とおくと，

$$dS = \frac{C_v}{T}dT + \frac{P}{T}dV \tag{1.33}$$

となる．この式で，$S$ はエントロピーとよばれる物理量である．

このシステムが気体で，式(1.31)を満たしている場合には，上式(1.33)は，

$$dS = \frac{C_v}{T}dT + rR\frac{dV}{V} \tag{1.34}$$

と変形できる．この表現も，熱力学の第1法則を表すもので，エントロピー $S$ は，熱力学の第2法則で本質的な役割を演じる．

力学的な仕事のみによるエントロピーの変化は，例えば，前式(1.34)で，右辺の第1項を0とおけばえられるから，次式のように求まる．

$$\int_a^b dS = S(b) - S(a) = rR \log \frac{V(b)}{V(a)}$$

この場合，容積がふえたとすると $V(b) > V(a)$，$S(b) > S(a)$ であるから，エントロピーの増分 $\Delta S(= S(b) - S(a))$ は，

$$\Delta S = k \log \left( \frac{V(b)}{V(a)} \right)^n \tag{1.35}$$

となり，この結果は，増加した容積中に配置される気体分子の自由度，いい換えれば，乱雑さが上式のように表されることを示している．エントロピーの増

加は，この乱雑さの増加によってもたらされるのである．これは，エントロピーに対するボルツマンの原理に当たるものである．

ボルツマンは，速度分布関数，$f(\boldsymbol{r}, \boldsymbol{v}, t)$ を用いると，エントロピー $S$ と，彼が考案した $H$ 関数 ($H = \int f \log f d\boldsymbol{v}$) との間に，次のような関係が成り立つことを導いた（1877年）．

$$S = -kH \tag{1.36}$$

今，この $H$ 関数を時間について微分すると，

$$\frac{dH}{dt} = \int \frac{\partial}{\partial t}(f \log f) d\boldsymbol{v} = \int \log f \cdot \frac{\partial f}{\partial t} d\boldsymbol{v}$$
$$= \iiint (\log f)(f'f_1' - ff_1)|\boldsymbol{v} - \boldsymbol{v}_1| 2\pi b db d\boldsymbol{v} d\boldsymbol{v}_1 \tag{1.37}$$

となる．ここで，積分変数 $\boldsymbol{v}$ と $\boldsymbol{v}_1$ とを変換してもよいことが明らかであるから，この式の右辺は

$$= \frac{1}{2} \iiint (\log f + \log f')(f'f_1' - ff_1)|\boldsymbol{v} - \boldsymbol{v}_1| 2\pi b db d\boldsymbol{v} d\boldsymbol{v}_1$$

に等しいことがわかる．また，$d\boldsymbol{v}d\boldsymbol{v}_1 = d\boldsymbol{v}'d\boldsymbol{v}_1'$（式(1.21)）であったことを考慮すると，逆衝突の場合も含めて，結局，

$$\frac{dH}{dt} = \frac{1}{4} \iiint \log \frac{ff_1}{f'f_1'} \cdot (f_1'f_1' - ff_1)|\boldsymbol{v} - \boldsymbol{v}_1| 2\pi b db d\boldsymbol{v} d\boldsymbol{v}_1 \tag{1.38}$$

という結果がえられる．

上式において注意すべきことは，$\log(ff_1/f'f_1')$ と $(f_1'f_1' - ff_1)$ とは正負の符号が常に反対となっていることである．したがって，上式の右辺は常に負か 0 でなければならないことになる．このことから，$H$ 関数の時間変化については，次式のような不等式が常に成り立つことがわかる．

$$\frac{dH}{dt} \leqq 0 \tag{1.39}$$

この結果と，式(1.36)に示した表示とから，

$$\frac{dS}{dt} = -k\frac{dH}{dt} \geqq 0 \tag{1.40}$$

という関係がえられることがわかる．これは，$H$ 関数によるエントロピー増大の原理の表現である．このような行き方はボルツマンによるもので，ボルツマンの方法とも時によばれる．

ここで，エントロピーに関するボルツマンの原理についてふれておくことにする．非平衡の状態にある単位体積中の気体分子の速度分布について，3次元の速度空間 $(v_x, v_y, v_z)$ をとりあげ，この空間を多数の微小要素に分ける．この要素の大きさは，$d\boldsymbol{v} = dv_x dv_y dv_z$ で与えられるので，この要素に番号をつけ，その大きさを $p_i (i = 1, 2, \cdots, \infty)$ とおく．次いで気体分子の総数を $n$ として，これらの分子をこの要素に分配する方法の数を考える．ここで，$i$ 番目の要素に入る分子数を $n_i$ とすると，$n = n_1 + n_2 + \cdots + n_i + \cdots$ だから，この方法の数は

$$\frac{n!}{n_1! \, n_2! \cdots n_i! \cdots} \tag{1.41}$$

と与えられる．$n_i$ 個の分子を $p_i$ に入れる方法の数は $p_i{}^{n_i}$ に比例するので，全分子 $n$ を分配する方法の総数は

$$W(n_1, n_2, \cdots, n_i, \cdots) = \frac{n!}{n_1! \, n_2! \cdots n_i! \cdots} p_1{}^{n_1} p_2{}^{n_2} \cdots p_i{}^{n_i} \cdots \tag{1.42}$$

に比例することがわかる．この $W$ を $(n_1, n_2, \cdots, n_i, \cdots)$ に分配する際の，ミクロな状態の数というふうに捉えることもできる．

$n_i$ を大きな数として $n_i!$ にスターリングの式 $n_i! = n_i{}^{n_i} e^{-n_i} (n_i \gg 1)$ を用いて，式(1.42)中の $n, n_1, n_2, \cdots, n_i, \cdots$ に適用すると，

$$W(n_1, n_2, \cdots, n_i, \cdots) = \left(\frac{n}{n_1}\right)^{n_1} \left(\frac{n}{n_2}\right)^{n_2} \cdots \left(\frac{n}{n_i}\right)^{n_i} \cdots p_1{}^{n_1} p_2{}^{n_2} \cdots p_i{}^{n_i} \cdots$$

$$= n^n \prod_i \left(\frac{p_i}{n_i}\right)^{n_i}$$

という結果が導かれる．ここで，$f_i = n_i/p_i$ とおいて，上式の両辺の対数をとると

$$\log W = n \log n - \sum_i (f_i \log f_i) p_i \tag{1.43}$$

という式が求まる．上式の右辺第2項は

$$\sum_i (f_i \log f_i) p_i = \int f(\boldsymbol{v}) \log f(\boldsymbol{v}) d\boldsymbol{v}$$

と等置できるから，$(n_1, n_2, \cdots, n_i, \cdots)$ で規定される状態のエントロピー $S$ を，この $W$ で

$$S = k \log W(n_1, n_2, \cdots, n_i, \cdots) \tag{1.44}$$

と定義すると，定数項，$n \log n (= c)$ を除けば，式(1.36)の表現と同じにな

---コラム 2---

### 星の質量と光度との関係

星は自分自身が作りだす重力により平衡を保持しているガス球だが,もうひとつ大事なことは,輻射エネルギーが中心部から外側へと絶えず伝達され,このエネルギーの流れが最終的には周囲の空間へと光の放射として失われていくことである.この輻射エネルギーの流れの釣り合いは,輻射平衡の状態とよばれている.先の重力平衡とともに,星の構造を決定する.

重力平衡については,中心を原点にとり,動径を $r$ で示し,点 $r$ における圧力を $p(r)$, 半径 $r$ の内部の総質量を $M(r)$ とおくと

$$-\frac{dp(r)}{dr} = G\frac{M(r)}{r^2}\rho(r) \tag{1}$$

が成り立つ.この式で,$\rho(r)$ は点 $r$ における質量密度,$G$ は万有引力定数である.圧力 $p(r)$ は,ガスと輻射の両圧力の和である.

ごく粗い近似として,星の内部は,密度について一様であったと仮定すると,$\rho(r)=\rho$(一定)とおけるから,$M(r)$ に対しては,

$$M(r) = \frac{4\pi}{3}\rho r^3 \tag{2}$$

とおける.この結果を,式(1)に代入して,$r=0$ のとき,$P=P_c$, $r=R$(表面)で,$P=0$ という境界条件の下に積分すると,

$$P_c = \frac{2\pi}{3}G\rho^2 R^2 \tag{3}$$

という結果がえられる.星の全質量 $M$ は,$M=(4\pi/3)\rho R^3$ と表せるから,これを用いて式(3)から $\rho$ を消去すると,$P_c$ は

$$P_c = \frac{3G}{8\pi}\frac{M^2}{R^4} \tag{4}$$

となる.

星の中心部でも,ボイル-シャールの法則が成り立っていると仮定すると,ガスの数密度を $n_c$ とおけば,$n_c = \rho/\mu m_p$($\mu$ は平均分子量,$m_p$ は陽子質量)だから $P_c = n_c k T_c$ と表せるので,中心温度 $T_c$ は,

$$T_c = \frac{\mu m_p}{k}\frac{1}{2}G\frac{M}{R} \tag{5}$$

となる.

輻射エネルギーは,中心部から星の表面へと伝達されてくるので,星の内部における輻射の質量吸収係数 $\varkappa$ を一定($=\bar{\varkappa}$)と仮定すると,中心までの光学的な深さは $\bar{\varkappa}\rho R$ ととれる.したがって,星の内部における輻射の勾配の平均 $X$ は

$$X \sim \frac{\sigma T_\mathrm{c}^4}{\bar{\chi} \rho R} \tag{6}$$

と与えられる．この式で，$\sigma$ はステファン-ボルツマン定数である．この結果から，星の真の明るさ，つまり，光度 $L$ は

$$L \sim 4\pi R^2 X = 4\pi R^2 \frac{\sigma T_\mathrm{c}^4}{\bar{\chi} \rho R} \tag{7}$$

と近似的に表される．電離ガスの場合には，$\chi = \chi_0 \rho T^{-3.5}$ と与えられるので，これを用いて，上式(7)から，$\rho$ と $T_\mathrm{c}$ を消去すると，近似的に

$$L \propto M^{5.5} R^{-0.5} \tag{8}$$

という関係が求まる．

ここで，星の表面温度を $T_\mathrm{s}$ とおくと，$L = 4\pi R^2 \sigma T_\mathrm{s}^4$ という式が成り立つから，この式と式(8)とから，$R$ を消去すると，$L$ と $M$ の間に，

$$L \propto M^{22/5} T_\mathrm{s}^{4/5} \tag{9}$$

で与えられる関係が成り立つことが導ける．この式は，星の真の明るさ，つまり，光度 $L$ が質量 $M$ でほとんど決まってしまうことを示す．これが，星の質量-光度関係（mass-luminosity relation）として知られるもので，1924 年に，エディントンによって初めて導かれた．観測結果は，図 A.2 に示すように，この関係を極めて忠実に表している．

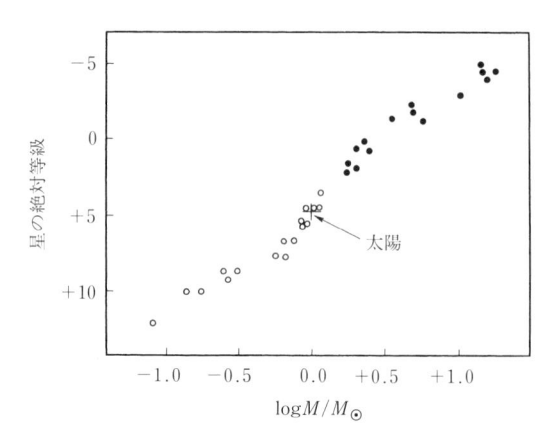

**図 A.2** 主系列星にみられる質量と光度（絶対的な明るさ）との関係

る．つまり，

$$S = -k\int (f(\boldsymbol{v})\log f(\boldsymbol{v}))d\boldsymbol{v} + c = -kH + c \tag{1.45}$$

今みたことから，非平衡の状態にある気体のエントロピーは，$H$ 関数を用いて表せることがわかる．式(1.44)で与えられるエントロピーは，あるマクロの状態に入るミクロの状態の数 $W$ により，次の形に表せることがわかる．

$$S = k\log W \tag{1.46}$$

この結果は，ボルツマンの原理とよばれている．式(1.35)で与えたエントロピーの表現は容積の増加に伴って，微小体積要素 $p_i$ の数が増大した結果，エントロピーがふえたことを意味している．

## 1.3　熱力学の第2法則と物理法則

　自然界にあっても，また，エレクトロニクスなど技術の世界にあっても，何らかの現象が起こるとき，"熱"の発生を常に伴う．この熱は，物質を構成する原子や分子の熱運動に関わっており，この運動は全く乱雑に不規則的に起こるもので，現象の推移の中で熱としてその大部分が失われてしまう．熱運動は原子や分子の運動なので運動のエネルギーを伴っているから，熱エネルギーとしばしばよばれる．

　原子や分子の集団が関与する力学的な過程では，どのようなものであっても，熱の発生を常に伴う．したがって，このような集団では，力学的な過程で，力学的なエネルギーが熱エネルギーに一部消費されてしまうことになる．このことは，熱エネルギーの発生を伴うことなしに遂行しうる力学的な過程は現実には存在しないことを示す．

　熱がエネルギーの1形態であり，このエネルギー，つまり，熱エネルギーを考慮するとき，すべての自然現象に対し，エネルギー保存則が成り立つことが明らかにされた．これが，熱力学の第1法則である．これは，1.2節では式(1.32)で与えられている．先にのべたようにある力学的なエネルギーを別の同種のエネルギーに何の損失もなしに変換することは不可能で，その際に，熱エネルギーの発生を必然的に伴う．したがって，100%の変換効率をもつような力学的な過程は存在しないのである．この経験的な事実の表現には，いろいろなものがあるが，これは熱力学の第2法則として知られている．

## ▶ 熱力学の第2法則

　この法則は，エントロピー増大の法則としてよく知られている．この法則によれば，ある力学的なエネルギーを何の損失もなしに，他種の力学的エネルギーに変換することは不可能である，いい換えれば，この変換の際に，熱エネルギーを必然的に発生し，力学的な過程に非可逆性が生じることになる．エントロピーは，この力学的過程で失われる熱エネルギーの単位温度当たりの損失量で，この量は常に正であるから，エントロピーは必ず増大することになる．

　今ここで，このような力学的な過程を含むものとして，熱エンジン（heat engine）をとりあげてみよう．その理想的なものとして，しばしばとりあげられるいわゆるカルノー・サイクルについて，これから考察する．この過程は準静的と形容されるように非常にゆっくりと力学的にすすむものだけから成る循環（サイクル）的な過程である．熱力学的にすすむ過程を，温度をパラメータとして，状態を表す変数である圧力($P$)と容積($V$)で表すとき，

$$dU = dQ - PdV \tag{1.32)′}$$

が成り立つ．この式で $U$ は内部エネルギー，$Q$ は熱エネルギーである．エントロピー $S$ は先にふれたように，考察下のシステムの温度を $T$ とおくと，

$$dS = \frac{dQ}{T} \tag{1.47}$$

ととってよいことになる．また，定積比熱を $C_v$ とおいたとき，$dU = C_v dT$ ととれるので，式(1.32)′から，

$$TdS = C_v dT + PdV \tag{1.48}$$

がえられる．

　カルノー・サイクルが理想気体に対し適用されたとき，力学的な仕事を行う循環過程としては，図1.15に示すように，2つの等温過程と2つの断熱過程の組み合わせから成る．この図において，この過程が点 A から矢印に沿ってまず起こるとすると，これは等温過程($dT = 0$)であるから，この過程がすすむためには，熱エネルギーをシステムに加えなければならない．加えられた熱エネルギーの量は

$$Q_1 = \int_A^B dQ = RT_1 \int_A^B \frac{dV}{V} = RT_1 \log \frac{V_B}{V_A} \tag{1.49}$$

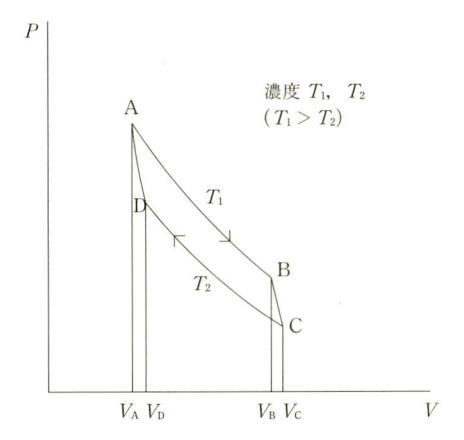

**図1.15** 2つの等温過程，2つの断熱過程から成るカルノー・サイクル
A→B→C→D→Aと1周してサイクルが完結する．

この式で，温度 $T_1$ は，$T_A(=T_B)$ に等しい．

次いで，BからCへの過程は断熱的なもので，$dQ=0$．したがって，式 (1.32) より

$$C_v dT + P dV = 0 \tag{1.50}$$

が成り立つことになる．理想気体の場合には，ボイル-シャールの式（$PV=RT$，1モルについて）が成り立っているから，圧力 $P$ を上式から消去し，定圧比熱 $C_p = C_v + R$ を考慮するとき，$\gamma = C_p/C_v$ とおくと，$T$ と $V$ との間に，

$$TV^{\gamma-1} = C (一定) \tag{1.51}$$

という関係が導かれる．

断熱的な変化により，図1.15において点Bから点C（温度 $T_2$）に移ったとき，

$$T_1 V_B{}^{\gamma-1} = T_2 V_C{}^{\gamma-1} \tag{1.52}$$

が成り立つ．同様に，断熱変化で，点Dから点Aに移る際にも，

$$T_2 V_D{}^{\gamma-1} = T_1 V_A{}^{\gamma-1} \tag{1.53}$$

の関係が成り立つので，これら2式から，次の関係

$$\frac{V_B}{V_A} = \frac{V_C}{V_D} \tag{1.54}$$

がえられる．

また，点 C から点 D に，等温線に沿って移行する過程で，とり去られる熱 $Q_2$ は

$$Q_2 = RT_2 \int_C^D \frac{dV}{V} = RT_2 \log \frac{V_D}{V_C} \quad (<0) \tag{1.55}$$

となる．式(1.54)を考慮すると，式(1.49)，(1.55)から

$$\frac{Q_2}{Q_1} = \frac{T_2}{T_1} \tag{1.56}$$

の関係式がえられる．このサイクル（循環過程）を通じて，外部になされる仕事 $W$ は

$$W = Q_1 + Q_2 \tag{1.57}$$

となるから，この循環過程の効率 $\eta$ は

$$\eta = \frac{Q_1 + Q_2}{Q_1} = \frac{T_1 - T_2}{T_1} \tag{1.58}$$

となる．また，エントロピーについては，式(1.56)より

$$\frac{Q_1}{T_1} = \frac{Q_2}{T_2} \quad \therefore \quad \frac{Q_1}{T_1} + \left(-\frac{Q_2}{T_2}\right) = 0 \tag{1.59}$$

となり，カルノー・サイクルでは，エントロピーは増大することなく，システムとしては可逆過程である．

しかしながら，現実の循環過程，例えば，自動車のエンジンでは，この効率は式(1.58)に比べて常に小さく，図1.15に示したように，出発点 A に戻るためには，熱を $Q_2$ よりも多く取り去る必要がある．したがって，現実の循環過程では，絶対値で，$|Q_2|<|Q_2'|$ となる $Q_2'$ が取り去られる熱量ということになる．このとき，仕事の効率 $\eta'$ は

$$\eta' < \eta \tag{1.60}$$

となり，

$$\frac{Q_1}{T_1} + \left(-\frac{Q_2'}{T_2}\right) < 0 \tag{1.61}$$

なる関係が導かれる．

循環過程において，外に向かってシステムがする仕事 $W$ は，一般的には，次の形に表せる．図1.15から予想されるように，時計まわりに過程がすすむので

$$W = \oint P dV \tag{1.62}$$

となる（図1.16）．また，エントロピーについては，過程の可逆，非可逆に応じて，

$$\left. \begin{aligned} \oint \frac{dQ}{T} &= 0 \quad \text{（可逆）} \\ \oint \frac{dQ}{T} &< 0 \quad \text{（非可逆）} \end{aligned} \right\} \tag{1.63}$$

上記の式(1.63)のような表し方は，クラウジウスの式として知られている．

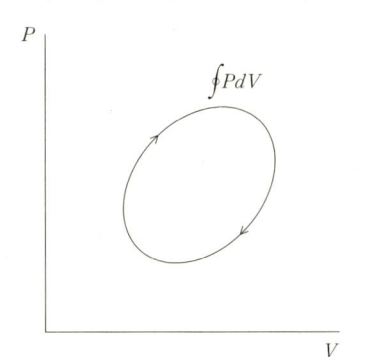

**図1.16** $P$-$V$ ダイアグラムに示されたカルノー・サイクルの一般化

失われる熱（エネルギー）は，絶対値で表すと，$|Q_2'| = |Q_2| + |\Delta Q_2|$ と，$|\Delta Q_2|$ だけ多くの熱が仕事に寄与することなく，現実の循環過程では失われる．これが，エントロピー $|\Delta Q_2|/T_2$ を発生させるのである．エントロピーは外部に失われる単位温度当たりの熱エネルギーであるから，システムを外部から観察するとき，エントロピーの増大として確認されることになる．このエントロピーの増大は，現在，熱力学の第2法則として定立されているけれども，経験的なもので，理論的に証明することはできない．現在では，多粒子から成る扱っているシステムについて，その乱雑さの度合いがエントロピーに関わっていることが明らかにされており，ミクロな視点まで踏みこめば，1.2節ですでにのべたように，エントロピーの概念が明確になるのである．しかしながら，熱力学の第2法則が不等式で表されることには変わりがない．

### ▷ 物理現象の非可逆性

エントロピーについて，図1.16に示したような経路に沿って，サイクルを

完了した際の変化を求めると，非可逆な過程を含む場合には式(1.63)に示したクラウジウスの式が成り立つ．今ここで，このサイクルの一部のみ $(P_1 \to P_2)$ が非可逆であると仮定すると，クラウジウスの式から

$$\oint \frac{dQ}{T} = \int_{P_1(\text{非可逆})}^{P_2} \frac{dQ}{T} + \int_{P_2(\text{可逆})}^{P_1} \frac{dQ}{T} < 0 \tag{1.64}$$

この式の右辺第2項については2点 $P_1$, $P_2$ の間のエントロピーの差として表せるので，この式(1.64)より

$$\int_{P_1(\text{非可逆})}^{P_2} \frac{dQ}{T} + (S_1 - S_2) < 0$$

したがって，

$$\int_{P_1(\text{非可逆})}^{P_2} \frac{dQ}{T} < S_2 - S_1 \tag{1.65}$$

となる．左辺は正の値なので，非可逆過程では，$S_2 > S_1$，いい換えれば，エントロピーが増大することを示す．

　今までみてきたことから，熱エネルギーの発生を伴うような現象では，エントロピーは必ず増大する．熱エネルギーは気体であれ，固体であれ，それらを構成する原子や分子の熱運動から成るものなので，エントロピーの増加は，とりあげたシステムが関わる現象において熱エネルギーが発生し，外部へ失われることを意味する．しかしながら，非可逆な過程は，熱エネルギーの発生のみにとどまらず，このエネルギーのシステム内における分配の仕方にも関係している場合がある．

　この問題については，1.2節で $H$ 関数にふれた際に，既に考察したが，そこで非可逆な過程をめぐってとりあげられたのは，式(1.38)の右辺の取り扱いの結果であった．この式について考察した折に，2体衝突に対し，確率的な観点の導入が不可避であることにふれたが，この取り扱いは，古典力学的には，時間の逆転に対して可逆なため，$H$ 定理が提案された当時，厳しい反論があった．このボルツマンの方法に対し，ロシュミット（J. Loschmidt）やツェルメロ（E. F. Zermelo）は，2体衝突の過程が時間に対し可逆に扱われることから，$H$ 関数を考慮したエントロピー増大の法則の証明には重大な難点が隠されていると指摘したのであった．

　力学的な表現では，この2体衝突の過程は可逆的だが，実際には，時間を逆

転させた際には，無限の可能性からひとつが選ばれて起こった過程が時間に逆向きに起こる確率は，無限大分の1といってよいことになる．したがって，表現の形式からみれば，時間に対しては可逆的だが，現実には現象は非可逆的にしかすすまない．確率的な考察が要請されることに対し，的確な考察を行ったボルツマンの解釈が理解されるようになるには，分子間の2体衝突のようなミクロな過程が量子力学的なものであることが明らかとなって以後のことであった．したがって，ロシュミットらがなしたようなボルツマンへの反論は，意味がなくなったのである．

しかしながら，歴史は大変に皮肉で，ボルツマンが気体分子運動論を開拓しつつあった頃には，分子の実在は明らかでなく，彼の理論は机上の空論として捉えられたのであった．分子の実在は，1905年にアインシュタインによってブラウン運動の理論的な研究が発表されて初めて，その検証の方法が明らかとなったのであった．実際には，ジャン・ペラン（J. Perrin）による系統的な実験の方法が，分子の実在を疑問の余地なく明らかにしたのであった．

生命現象も含めて，この自然界で起こるすべての現象は非可逆的に進行する．この自然界を構成する物質を，ミクロな立場からみれば，原子や分子よりさらに基本的な単位となる構成分がある．究極の基本物質と現在考えられているのは，3世代にわたるクォークとレプトンで，それらがひき起こす現象は基本的には量子力学的なもので，確率的な過程が必然的に伴う．したがって，どのような現象にも，素過程を除けば，エントロピーの増大が必ず伴っている．素過程の中には，当然のこととして，素粒子の崩壊のように，時間的にみて一方向きのものがいろいろとあるので，自然界を成り立たせている基本の構造に非可逆的な過程が隠されていると考えることは妥当であろう．

ここで，サックス（R. G. Sacks）が考察した面白い例について考察しよう．例えば，テーブルの上に置いてあった花瓶が倒れて，机から床へと落ち，粉々に砕けてしまったとする．経験から私たちが知っているように，この花瓶を完全に元通りに復元することは不可能である．どのような修繕を施しても元の姿に完全に戻ることはない．だが，この一連のできごとが，フィルムに収められていたとき，このフィルムを時間的に逆にまわせば，私たちは床の上に砕け散っている破片が全部集まって元の姿に完全に戻るだけでなく，机上の元の位置に再び元の姿であることになる．これは，私たちの経験に反することだが，フ

ィルムの逆まわしでは起こることになる．

　サックスによれば，花瓶の落ち方やこわれた方には，実は無限の可能性があるのだが，そのうちのひとつが何らかの偶然で選びとられて起こったのである．したがって，実際に起こった結果から，元の状態が実現されるためには，無限の可能性からたったひとつのものを選ばなければならないのだが，こんなことは不可能なのである．

　気体分子運動論の場合にも，同様の議論が成り立ち，２体衝突の取り扱いは理論的には，時間的にみて可逆であるけれども，実際には，完全に同じ道の過程の実現は，確率的にはゼロなのである．このことは，1.2節で考察したボルツマンによる $H$ 定理が十分な正当性をもつことを示している．ボルツマンが想定したように，エントロピーが現象の底に潜む実現可能性の乱雑さの度合に関わることから，現象のすすむ時間的な向きは，一方向きで非可逆なのだということになる．

▷ **時間の可逆性・非可逆性**

　物理的な現象も含めて，自然現象はすべて時間と空間の枠内で起こる．現象が進行する場が，実は時間と３次元の空間から成る４次元の時空連続体なのである．物理的な現象を捉えるのに，数学的な表現形式が現在では用いられており，現象の時間的な発展を追跡する工夫が，この表現形式に考慮されている．このことは，現象のこの時間的な発展が因果律にしたがって実現していることを想定しているのである．

　現象の時間的な発展に必然性があるとの想定は，今みたように，この発展が因果律にしたがっていることを当然として認めていることになるので，現象が実現した結果から，その原因に時間的にさかのぼれることをも意味している．したがって，因果律の成り立つことは，一般的にいって，現象が時間に対して可逆であることを仮定していることになる．このような仮定に反して起こる現象のひとつが，実はこの節で考察してきた熱現象である．熱現象が非可逆的に進行することは，私たち自身，日常的に経験してよく知っていることであろう．例えば，鉄の棒について，熱は温度の高い側から低い側へのみ伝わるだけで，その逆は絶対に起こらないし，冷めたい水でいっぱいの薬かんが，突然沸き立つこともない．

## 1.3 熱力学の第2法則と物理法則

ここで，古典力学の基本法則であるニュートンの第2法則の数学的な表現形式について考えてみよう．質量 $m$ の質点が力 $\boldsymbol{F}$ の作用を受けて運動するとき，運動の方程式は，加速度を $\boldsymbol{a}$ として，

$$m\boldsymbol{a} = \boldsymbol{F} \tag{1.66}$$

と求められる．質点 $m$ の位置ベクトルを $\boldsymbol{r}$ とし，時間を $t$ ととると，$\boldsymbol{a} = d^2\boldsymbol{r}/dt^2$ が成り立つので，$\boldsymbol{a}(t) = \boldsymbol{a}(-t)$ なる関係がえられる．いい換えれば，時間について式(1.66)は可逆なのである．

式(1.66)を，例えば，太陽周囲の地球の公転運動に適用すると，地球が現在観測されている向きと逆向きとなったとしても，方程式の形に変わりはない．つまり，地球がどちら向きに公転しようと，物理学上，何の問題も生じないのである．したがって，どちら向きの運動かは，観測から決まるのである．しかしながら，この公転運動も，地球自体の進化などいろいろな要因を考慮すると，非可逆なのである．これらの要因の中には，分子レベルのものがかなり多数あることはいうまでもない．地球上で起こっているいろいろな過程には，開放系の熱力学に関わったものがあり，それらが地球環境の定常的な維持に働いている．

力学の基本法則が時間について可逆となっていることについては，既にふれた通りだが，古典電磁気学の基礎方程式であるマクスウェルの方程式から導かれる電磁波の伝播に関わる波動方程式も，時間に対しては可逆で，実際に時間が前へすすむ波動と，逆に後退する波動の2つの解がでてくる．どちらが現実にありうべき波動かについては，観測から決められねばならないが，これについては，時間的に前進する波動のみが許容されることが明らかにされている．

物理法則の表現形式が，数学的にみて，時間について可逆になっていても，現実世界で起こる過程については，観測に基づいて決めなければならない．アインシュタインによって創造された一般相対論から導かれる重力場の方程式の解にも，実は時間について2つの向きがある．私たちがいう宇宙論的な時間，つまり，膨張宇宙に関わる時間は，未来に向かうもので，現在観測されている宇宙空間における平均の物質密度は，永久に膨張する宇宙を保証しているようにみえる．これが本当に正しいとすれば，宇宙は将来収縮する可能性は全然ないことになる．

私たちに観測しうる自然現象はすべて，この宇宙の中で起こるのであるか

ら，自然現象のすすむ向きも，この宇宙が刻む宇宙論的時間の向きと同じとなっていることを予想することは全く当然のことといってよいであろう．地球上にみられる生命現象も，この宇宙の中で起こるものであるから，生命の進化も時間的に一方向きで，複雑化，多様化がすすむことになる．この傾向は，物理的なシステムにみられるエントロピーの時間的な増大の向きに対応するものだといってよいであろう．生物がすごす時間，いい換えれば，生物学的時間は，個々の生命種に固有なものといえようが，この時間も，膨張宇宙が刻む時間と同じ向きにすすむことは当然で，これらの種が生成するエントロピーの棄て場を，この膨張宇宙が用意してくれている．今，棄て場といったが，閉じられた宇宙空間が有限であったとしたら，エントロピー最大となるときが必ずくるはずで，生命の存在だけでなく，星々や銀河の進化すら不可能となってしまうのである．

ところで，星々はいずれも，進化の過程で外部の空間に向かって輻射の形でエネルギーを放射する．輻射をエントロピーとして排出しているので，宇宙空間が有限であるならば，いつかは，このエントロピーで充満してしまうと推測される．星々が放射する輻射は，その中心部ですすむ熱核融合反応から解放された核エネルギーが，星の内部を熱伝導により徐々に星の表面まで伝達されたものである．この伝達の過程で，輻射のエントロピーは増大していき，星の表面から外部の空間へと放出されるのだが，先にみたように，このエントロピーでいっぱいになった宇宙空間は星々の進化などを許容しないものとなってしまう．したがって，このエントロピーを収めることの可能な空間が，時間の経過に伴って用意されない限り，宇宙自体の進化さえ起こりえなくなってしまう．

宇宙空間は，現在，膨張を続けていることが，観測から明らかにされているから，輻射のエントロピーのいわば"棄て場"が常に用意されていることになる．このことは，この宇宙自身と，その内部にある星々やその集団である銀河群が進化し続けられる存在であることを意味している．私たちを含めた諸生命も，産生したエントロピーを外部に棄てることができなければ生命活動を維持することは不可能である．地球という小さな天体の上に，私たちが生を営めるのは，この宇宙が時間的，空間的に膨張しているがためなのである．生物学的時間と宇宙論的時間が向きについて同じなのは偶然なのではなく必然だったのである．

## コラム 3

### 太陽フレアの発生頻度と重要度──フラクタル的挙動

太陽の光球面上に現れた大きな黒点群の上空かその近くで,太陽フレアとよばれる一種の爆発現象がしばしば発生する.この現象には,γ線やX線などの高エネルギー電磁放射が伴う場合が多いだけでなく,GeVエネルギーの高エネルギー粒子の発生をもしばしば伴う.電磁放射と高エネルギー粒子の発生を伴うフレアは,10分程度の時間に$10^{23}$から$10^{26}$ジュール(J)にも達するエネルギーを放出する.フレアに伴うエネルギー放出の大きさに着目して,フレアの規模について分類法が工夫され,それが重要度(importance)とよばれている.重要度とエネルギー放出量との間には,およそのことだが,次に示すような関係がある.

| 重要度 | 1 | 2 | 3 | $3^+(4)$ | (5) |
|---|---|---|---|---|---|
| エネルギー放出量(J) | $10^{22}$ | $10^{23}$ | $10^{24}$ | $10^{25}$ | $10^{26}$ |

太陽活動サイクル19(1954-1964)中で,フレアの発生がしばしば観測された1956年から1963年の8年間について,各年のフレア発生数を重要度ごとに集計して,プロットしてえられた結果が,図A.3に示されている.図中の点は,各年のフレア発生数を示す.おのおのの重要度に対するフレアの発生数の平均的な振舞いは,図中の右下がりの直線で示すようになっている.

この直線は,フレアの発生数$N$と重要度$I$の間に

$$N \propto I^{-\gamma} \quad (\gamma > 0)$$

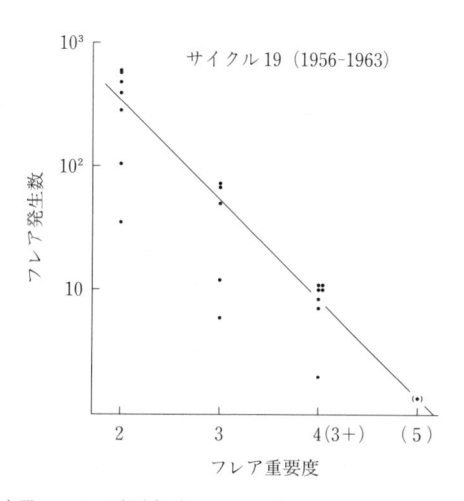

図 A.3 太陽フレアの重要度(importance)でみたフレアの発生頻度分布

と表されるような関係があることを示す．図に示した結果から，$\gamma \approx 1$ と読みとれるので，フラクタル次元が約 1 であることがわかる．このことは，フレアの規模の大きさは，フレアのエネルギー特性や発達過程のパターンに，ほとんど影響されないことを示唆している．強調したかったのは，フレアとよばれる太陽面上の現象が，フラクタル的な挙動を示すという観測事実である．

# 2
## ランダムな物理過程

　自然界に観察される物理的な現象は，どのようなものであっても空間内にあって，時間的に発展していく．そうであるからこそ，現象が起こるのである．しかしながらこれらの現象は，自然界にあっては，時間的発展が類似していてもすべてが1回限りのものである．ところが，もし適当に条件が整えられた場合には，類似しているだけでなく同じと考えて差し支えないような現象が実際にたくさん観察されている．このような経験に基づいて，ある物理的な現象に対し，外部からのいろいろな攪乱を排除できる実験室を設け，実験条件を一定にして，一連の意図の下に，実験，観察を行う工夫がなされている．

　実際には，いかに精確に工夫がなされていても，偶然に起こる予期しえない攪乱についてはさけられない．したがって，実験や観測に当たって，現象の時間的な発展に関わる物理量にはランダムな変動成分がついてまわることは，本質的にさけられないのである．このようなことがあるがために，物理的な現象の解釈をめぐってこの変動成分の統計的処理法やこの成分に関わる誤差の推定法などが，研究されなければならないことになる．

　先に現象の時間的発展といういい方をしたが，この発展の仕方にはいくつかの異なった特有のものがある．空間的に限定されたある領域の内部で，ランダムに時間的に変動しているもの，時間的に周期性をもつように起こるもの，あるいは，時間的に発展しながら，領域に限定されないように起こるものなどがすぐに考えられる．最近では，非線型的に起こる現象が，コンピューターを駆使して研究できるようになってきているので，ランダムに時間的に変動する現象の研究には，多くの面白い題材があることが示されている．

　ここでは，時間的にランダムに推移するいくつかの物理的な現象をとりあげ

て，それらが統計的な処理法とどのように関わっているかについて考察を試みる．それらの中で，カオスとよばれる現象についての最近の研究についてもふれる．

## 2.1 乱歩問題と物理的平均というアイデア

全然予測しえない仕方で作用する外力の下におかれたあるシステム，例えば，気体分子がどのような運動をするかについて，これから考察する．外力の作用が全くランダムに起こるので，この気体分子の運動もランダムになる．その際，この気体分子がどのような運動特性を示すか，あるいは，その変位と外力との間に平均的にみて，どのような関係が成り立つかについては，研究し明らかにする方法が確立されている．

このような方法は，乱歩問題とか，ランダム・ウォーク（random walk）の取り扱いとかいわれている．一例をあげれば外力の作用が確率的に起こり，その結果，その作用の下で運動する対象が，平均的にみてある特性を示す結果を導いてくれる．

### ▷ 乱歩問題とは何か

乱歩問題の例として，しばしばとりあげられるのは酔払い（drunkard）がどのように歩くのかに関わった問題である．当然のことながら，酔払いはいわゆる千鳥足で歩くわけだから，歩く向きは全くデタラメ，つまり確率的に決まるとして，一歩の歩幅は一定していない．こんなわけで，酔払いの歩行を乱歩問題として扱うには，歩幅を一定と仮定することが必要となる．酔払いの場合は，地面，いい替えれば，2次元平面上での扱いとなるが，乱歩問題の数学的な取り扱いをみるためだけならば，1次元の直線上での乱歩をとりあげても，その本質からはずれてしまうことはない．実は，後に示すように，2次元，あるいは3次元の問題に拡張することは，極めて容易なのである．このような点を踏まえて，ここではまず1次元の場合を扱うことにする．

今ここで，1次元の座標軸（$x$）を図2.1のようにとり，その上に同じ間隔の目盛りを打つ．この1目盛りが，乱歩の1歩に当たるとして，酔払いが左右どちらかに1回にこの1歩だけ移動するとする．この酔払いが原点0から歩きだすとして左に，また右に移動する確率は等しく1/2と考えてよいから，$n$回

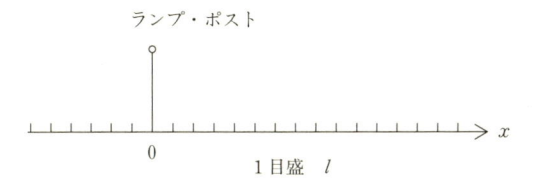

**図2.1　1次元のランダム・ウォーク**
酔っぱらいがランプ・ポストから往きつ戻りつのでたらめな歩行をする場合の取り扱い方（歩幅一定の場合）．

の移動については，$n$が偶数の場合には原点0に戻ることがあるが，$n$が奇数の場合には，このようなことは起こらない．

この酔払いが，$n-2k$ ($k=0,1,2,\cdots,n$) の目盛りの点に行っている確率は，

$$_nC_k\left(\frac{1}{2}\right)^k\left(\frac{1}{2}\right)^{n-k} = {}_nC_k\left(\frac{1}{2}\right)^n \tag{2.1}$$

の2項分布 $\mathrm{Bin}(n,1/2)$ で与えられることになる．

上式において，点$k$に$n$回の移動後にくるためには，右方へ$(n+k)/2$回，左方へ$(n-k)/2$回，それぞれ移動すればよいから，その組み合わせの数は当然，上式から推測されるように，

$$n!\Big/\left[\frac{1}{2}(n+k)\right]!\left[\frac{1}{2}(n-k)\right]! \tag{2.2}$$

であるから，点$k$にくる確率 $W(k,n)$ は，

$$W(k,n) = {}_nC_{(n+k)/2}\left(\frac{1}{2}\right)^n \tag{2.3}$$

と求まる．この式は先に求めた2項分布 $\mathrm{Bin}(n,1/2)$ に当たり，ときにはベルヌーイ分布といわれる．

$n,k$がともに，1に比べて非常に大きい場合には，スターリングの公式を式(2.2)の対数をとった式に応用すると，例えば，

$$\log n! = \left(n+\frac{1}{2}\right)\log n - n + \frac{1}{2}\log 2\pi + 0\left(\frac{1}{n}\right) \tag{2.4}$$

のように近似できるので，同様に式(2.2)の分母の2項にも，この公式を適用すると $n! \to [(n+k)/2]!$，また $[(n-k)/2]!$ とおけばよい．したがって，

$$\log W(k,n) \simeq -\frac{1}{2}\log n + \log 2 - \frac{1}{2}\log 2\pi - \frac{k^2}{n} \tag{2.5}$$

と求まるから，

$$W(k, n) = \left(\frac{2}{n\pi}\right)^{1/2} e^{-k^2/n} \tag{2.6}$$

となる．このような $k$ に対する分布は，ガウス分布とよばれる．

ここで，1目盛りの間隔を $l$ とし，1回の移動に要する時間を $\tau$ とすると，座標軸上の点 $k$ の位置は，$x = kl$，時間 $t$ は $t = n\tau$ となる．さらに，

$$D = \frac{l^2}{2\tau} \tag{2.7}$$

とおくと，酔払いが $(x, x+\varDelta x)$ $(\varDelta x \gg l$ とする) にいる確率密度を $W(x, n)$ ととれば，式(2.6)は，

$$W(x, n)\varDelta x = W(k, n)\frac{\varDelta x}{2l} \tag{2.8}$$

と変形できるから

$$\begin{aligned}W(x, n)\varDelta x &= \frac{1}{2l}\sqrt{\frac{2}{\pi n}} e^{-x^2/2l^2 n} \varDelta x \\ &= \frac{1}{\sqrt{2\pi l^2 n}} e^{-x^2/2l^2 n} \varDelta x\end{aligned}$$

となる．式(2.7)の関係と，$t, x$ を用いて，上式を変形すると，

$$W(x, t)\varDelta x = \frac{1}{\sqrt{4\pi Dt}} e^{-x^2/4Dt} \varDelta x \tag{2.9}$$

のような式が求まる．この結果は初めに $x = 0$ にいた酔払いが，$(x, x+\varDelta x)$ の間に時間 $t$ 後にいる確率を与える．上(2.7)の表示は拡散係数といわれる．

酔払いが路地裏のような細い一本道を行きつ，戻りつしている場合には，今までみてきたような扱いでほぼ正しい結果がえられたと考えてよいであろう．だが，図2.2に描かれたような2次元の場合には，式(2.9)は妥当しない．この場合には，2次元平面上に例えば，座標 $(x, y)$ を考え，1目盛りの間隔が $l$ になるように格子点を図2.3に示すようにとる必要がある．このとき，$x$ 方向，$y$ 方向でのそれぞれの変位はともに $l$ であるから，平均変位は $\sqrt{2}l$ となるので，拡散係数 $D$ は

$$D = \frac{l^2}{4\tau} \tag{2.10}$$

ととれることになる．したがって，酔払いが $(x, x+\varDelta x)$，$(y, y+\varDelta y)$ の間にいる確率 $W(x, y, t)\varDelta x \varDelta y$ は次式のようになる．

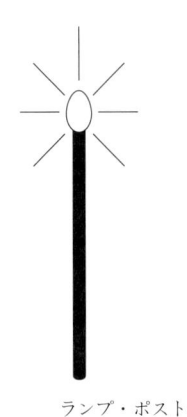

## 2.1 乱歩問題と物理的平均というアイデア

酔っぱらい

**図 2.2** 2次元的なランダム・ウォーク
酔っぱらいがランプ・ポストの周辺をランダムに移動する場合．

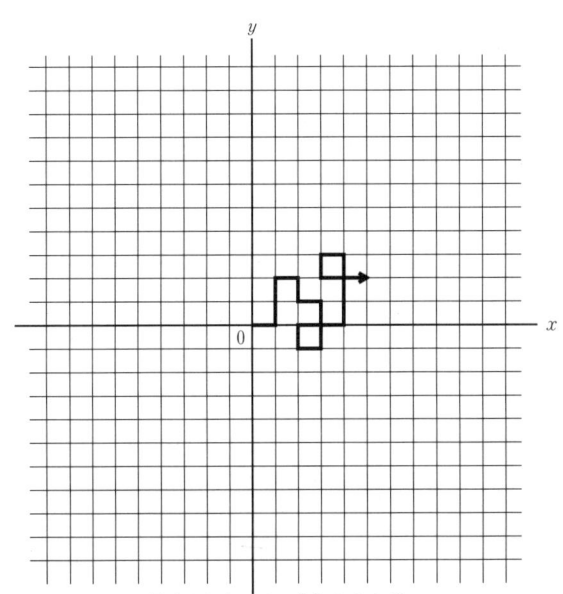

ランプ・ポスト

原点 0 からスタートした2次元
ランダム・ウォーク
格子点を通る例

**図 2.3** 2次元のランダム・ウォークを格子点上の移動として取り扱う場合の格子点から成る目盛り
線上の移動で，対角線的な移動はないとする．

$$W(x,y,t)\Delta x\Delta y = \frac{1}{4\pi Dt}e^{-(x^2+y^2)/4Dt}\Delta x\Delta y \qquad (2.11)$$

ここで扱う対象を酔払いから，ガス中に着目した1個の粒子へと移すと，3次元の場合について扱うにも違和感がなくなる．3次元空間内の1個の粒子に対しては，平均変位が $\sqrt{3}l$ なので，$D = l^2/6\tau$ ととれるから，

$$W(x,y,z,t)\Delta x\Delta y\Delta z = \frac{1}{(4\pi Dt)^{3/2}}e^{-(x^2+y^2+z^2)/4Dt}\Delta x\Delta y\Delta z \qquad (2.12)$$

が，粒子が $(x, x+\Delta x)$，$(y, y+\Delta y)$，$(z, z+\Delta z)$ の領域 $\Delta x\Delta y\Delta z$ にある確率を与える．

1次元の場合に戻って，粒子が $k$ 回の移動後に，$x_k$ にきたとし，$n$ 回の移動で $x_n$ にきたと仮定すると，1回の移動による変位は $(x_k - x_{k-1})$ だから，

$$x_n = (x_n - x_{n-1}) + (x_{n-1} - x_{n-2}) + \cdots + (x_k - x_{k-1}) + \cdots + (x_1 - x_0)$$

となる．ただし，$x_0$ は原点なので，$x_0 = 0$ である．ここで，変位について2乗平均（ ‾ をつけて示す）をとると，

$$\overline{x_n^2} = \sum_{k=1}^{n}\overline{(x_k - k_{k-1})^2} + 2\sum_{n\geq k,\ j\geq 1}\overline{(x_k - x_{k-1})(x_j - x_{j-1})} \qquad (2.13)$$

がえられる．変位については，$x_k - x_{k-1} = \pm l$ であるから，

$$\overline{(x_k - x_{k-1})^2} = l^2$$

となるが，式(2.13)の右辺第2項は，$\overline{(x_n - x_{n-1})(x_j - x_{j-1})} = \overline{(x_n - x_{n-1})}\cdot\overline{(x_j - x_{j-1})}$ と，含まれる2項は，互いに独立に平均をとればよいので，0となる．したがって，$\overline{x_n^2}$ について，

$$\overline{x_n^2} = nl^2 \qquad (2.14)$$

がえられる．先に時間に対して，$t = n\tau$，拡散係数 $D = l^2/2\tau$ ととったことを考慮すると，$x$ 軸上の変位の2乗平均値は $n$ をとって，

$$\overline{x^2} = 2Dt \qquad (2.15)$$

となる．期待される変位は，この式の平方根 $\sqrt{\overline{x^2}}$ で与えられる．

3次元の場合には，$n$ 回の移動で到達した変位を $(x_n, y_n, z_n)$ ととると

$$\overline{x_n^2} = \overline{y_n^2} = \overline{z_n^2} = \frac{1}{3}nl^2 \qquad (2.16)$$

ととれるから，$D = l^2/6\tau$ とおいたことを考慮すると，$n$ を省略して

$$\overline{r^2} = \overline{x^2} + \overline{y^2} + \overline{z^2} = 6Dt \qquad (2.17)$$

となることがわかる．このときも $\overline{x^2} = \overline{y^2} = \overline{z^2} = 2Dt$ が成り立っているので

ある．

　乱歩問題の例として，ある酔払いのランダムな歩みについて，現想化した場合をとりあげ，この扱い方が気体粒子の運動など，ランダムに起こると考えられる問題に適用できることを示した．この場合，ランダムな運動に伴う変位の蓄積が平均しても0ではなく，有限の大きさをもち，しかも，この変位の平均が時間の経過とともに大きくなっていくことは注目すべきである．$D$を拡散係数といったのは，次節での考察からわかるように，扱う対象の拡散の度合を決める物理量となっているためである．

## ▷ 乱歩問題からみた拡散過程

　1次元の乱歩問題を扱ったときに，時間$t$において，粒子が位置$x$に移っている確率は，式(2.9)の$W(x, t)$で与えられることを導いた．次に，その時の平均の位置は，原点0から$(2Dt)^{1/2}$にあること，したがって，時間とともに粒子の位置はランダムな移動をくり返しながら原点0から遠ざかっていくとも明らかにしている．この結果は，乱歩（英語で，ランダム・ウォーク(random walk)）は，時間的に非可逆な過程であることを示している．

　前節でみたように，$n$回のランダムな試行の結果，原点0を出発した後，点$k$に粒子（あるいは，酔払い）が到着する確率$W(k, n)$は，式(2.3)で与えられる．この$W(k, n)$は，ランダムな移動の結果であるから，点は$(n-1)$回目の試行の結果，$k+1$か$k-1$のどちらかの点にあったものが，次の試行で点$k$にくるのだから，

$$W(k, n) = \frac{1}{2} W(k+1, n-1) + \frac{1}{2} W(k-1, n-1) \quad (2.18)$$

と表される差分方程式を満足する．この式から

$$W(k, n+1) - W(k, n) = \frac{1}{2}\{W(k+1, n) - 2W(k, n) \\ + W(k-1, n)\} \quad (2.19)$$

が導けるから，ここで，前と同様に$t = n\tau$，$x = kl$とおいて，$W(k, n)$を$W(x, t)$で表すと，$W(k, n+1)$，$W(k\pm 1, n)$はそれぞれ

$$W(x, t+\tau) = W(x, t) + \tau \frac{\partial W(x, t)}{\partial t} + \cdots$$

$$W(x \pm l, t) = W(x, t) \pm l\frac{\partial W(x, t)}{\partial x} + \frac{l^2}{2}\frac{\partial^2 W(x, t)}{\partial x^2} \pm \cdots$$

と書き換えられる．したがって，$\tau \to 0$，$l \to 0$ の極限では，

$$\frac{\partial W(x, t)}{\partial t} = D\frac{\partial^2 W(x, t)}{\partial x^2} \tag{2.20}$$

という関係式がえられる．この式で $D = l^2/2\tau (= nl^2/2)$ である．

上式は，1個の粒子に関する式だが，$n$ 個の粒子が独立にランダム・ウォークをしている場合には，粒子数の確率密度を $\rho(x, t)$ とおくと

$$\rho(x, t) = nW(x, t) \tag{2.21}$$

で与えられるから，式(2.20)から，この確率密度 $\rho(x, t)$ がしたがう式として，

$$\frac{\partial \rho(x, t)}{\partial t} = D\frac{\partial^2 \rho(x, t)}{\partial x^2} \tag{2.22}$$

が導かれる．この形の方程式は拡散方程式とよばれる．$D$ は，この拡散の度合を与える係数なので，前節では拡散係数とよんだのであった．また，このような形の式は，熱伝導の場合に最初導かれたので，熱伝導の方程式とよばれることもある．

3次元の場合には，前にみたように，$D = l^2/6\tau$ ととれば，

$$\frac{\partial W(x, y, z, t)}{\partial t} = D\Delta W(x, y, z, t) \tag{2.23}$$

が導かれる．ここに $\Delta$ はラプラス演算子で，$\Delta = \partial^2/\partial x^2 + \partial^2/\partial y^2 + \partial^2/\partial z^2$ と表される．確率数密度 $\rho(x, y, z, t)$ を用いれば，上式から

$$\frac{\partial \rho(x, y, z, t)}{\partial t} = D\Delta \rho(x, y, z, t) \tag{2.24}$$

が直ちに導かれる．これは3次元の場合の拡散方程式である．

1次元の場合に戻って，式(2.22)の解について考察することにしよう．既に学んだように，式(2.9)から，この解は，

$$\rho(x, t) = \frac{\rho_0}{\sqrt{4\pi Dt}} e^{-x^2/4Dt} \tag{2.25}$$

で与えられる．上式で $\rho_0$ は時刻 $t = 0$，$x = 0$ における数密度である．時間の経過とともに図2.4に示すように，粒子が拡散してゆく様子がわかるであろう．

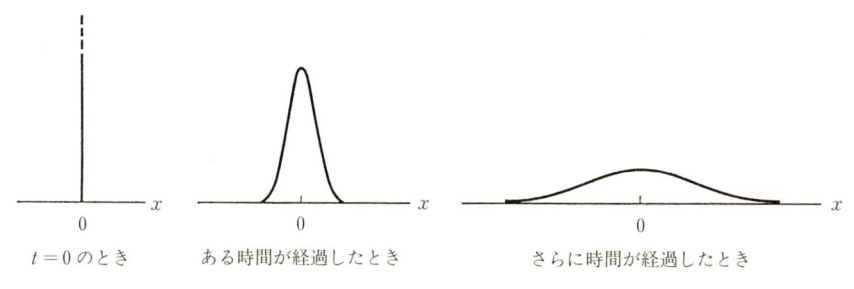

**図 2.4** 一点からスタートした 1 次元空間での拡散
時間とともに裾が拡がって平坦になっていく.

今までみてきた例では，3 次元の場合でも前後，左右，上下に 1 回で移動する確率はすべて等しく，特別な方向に確率が高いわけではない．1 次元の場合について，試行回数 $n$ が大きくなったときの 2 項分布 $\mathrm{Bin}(n, 1/2)$ は，既にみたように，ガウス分布と近似できるようになっていた．$n$ を大きくした場合に，ガウス分布，いい換えれば標準正規分布 $N(0,1)$ に分布のパターンが近づいていくことを，中心極限定理とよんでいる．

この定理は，実用的には次のようにまとめられている．確率変数 $X_1, X_2, \cdots, X_n$ が互いに独立で，平均値 $\mu$，分散 $\sigma^2$ をもつ同一の分布にしたがっていたとき，$X_1, X_2, \cdots, X_n$ の単純平均

$$\bar{X} = \frac{1}{n}(X_1 + X_2 + \cdots + X_n) \tag{2.26}$$

に対して，

$$Z_n = \frac{\sqrt{n}}{\sigma}(\bar{X} - \mu) \tag{2.27}$$

とおくと，$n$ を大きくしたとき，$Z_n$ の分布は，標準正規分布，つまり，ガウス分布 $N(0,1)$

$$N(0,1) = \frac{1}{\sqrt{2\pi}} e^{-Z^2/2} \tag{2.28}$$

に近づく，というのである．上式は平均値は 0，分散 1 の正規分布を与える．

▶ **拡散のパターン——宇宙線の拡散にみる**

粒子に力が働いて運動を生じさせている場合や，粒子の流れがある場合につ

いての扱いは，前節でみたように，拡散だけを考慮したのでは十分でなく，このような運動をも含めたものでなければならない．例えば，力の作用でひき起こされた粒子の移動に対しては，例えば導線中の電子の場合のように，力の作用に比例した粒子の移動を考慮せねばならない．1次元の場合をここでも扱うが，力を $f(x)$ として，この移動の速度を $v$ ととると，

$$v = \alpha f(x) \tag{2.29}$$

ととれる．この式で，$\alpha$ は易動度（mobility）とよばれる．拡散による粒子の移動は粒子密度を $\rho$ として，$-D(\partial \rho/\partial x)$ と表せるから，両者を合わせた粒子の移動 $J$ は

$$J = -D\frac{\partial \rho}{\partial x} + \alpha \rho f(x) \tag{2.30}$$

と表せる．したがって，

$$\frac{\partial \rho}{\partial t} = \frac{\partial}{\partial x}\left(D\frac{\partial \rho}{\partial x} - \alpha \rho f(x)\right) \tag{2.31}$$

粒子の流れがある場合には，$\alpha f(x)$ をこの流れの速さ $U$ で置き換えればよいから

$$\frac{\partial \rho}{\partial t} = \frac{\partial}{\partial x}\left(D\frac{\partial \rho}{\partial x} - \rho U\right) \tag{2.32}$$

となる．拡散がない場合には，上式は粒子の流れが保存されることを表す式となっていることを，ここで注意しておく．

3次元の場合に拡張することも直ちにできることは，前節における考察から明らかで，

$$\frac{\partial \rho}{\partial t} + \mathrm{div}(\rho \boldsymbol{U}) = \nabla(D\nabla \rho) \tag{2.33}$$

が導かれる．$\boldsymbol{U}$ は流れの速度ベクトルである．拡散係数 $D$ が座標に依存しないときには微分の外へだせるが，$D$ が空間的に変化する場合もあるので，ここではそのままにしておく．上式で，$\nabla$ は勾配をとる演算子で，デカルト座標では $\nabla = \boldsymbol{i}(\partial/\partial x) + \boldsymbol{j}(\partial/\partial y) + \boldsymbol{k}(\partial/\partial z)$ と与えられる．

粒子の易動度についても，3次元の場合には，力はベクトル量で与えられるので

$$\alpha \rho \boldsymbol{f}(x, y, z)$$

と式(2.30)の右辺第2項は書き換えられることになる．当然，第1項はベクト

**━ コラム 4 ━**

### 太陽フレア粒子の拡散過程

太陽面上で発生する一種の爆発現象はフレアとよばれている．大きなフレアに伴って，GeV 級のエネルギーの粒子が時折，加速・生成され，これらの粒子が太陽から外部の空間へと放射される．その一部は，地球近傍に到来したり，地球大気中に飛びこんだりして，時に地球環境に異変をもたらしたりする．

このような粒子は，太陽フレア粒子と現在よばれている．太陽から外部の空間へと放出された後，これらの粒子は，この空間に存在するプラズマ中を拡散過程にほぼしたがいながら，広がっていく．粒子の空間数密度を $N$，時間を $t$，拡散係数を $D$ ととると，拡散方程式は

$$\frac{\partial N}{\partial t} = D\nabla^2 N \tag{1}$$

と与えられる．$\nabla^2 (=\Delta)$ はラプラス演算子である．上式では，$D$ は空間座標に独立と仮定されている．

ここで，粒子の放出時間（injection time）が，放出点から観測点までの粒子の経過時間（transit time）に比べて無視できるほどに短く，放出点の広がりが一点に近似できるほどに小さいと仮定すると，式(1)の解は，

$$N(r, t) = \frac{N_0}{2\pi^{1/2}\tau^{3/2}} \exp\left(-\frac{r^2}{4\tau}\right) \tag{2}$$

と求まる．ただし，$\tau = Dt$ で与えられ，$N_0$ は放出点から放出される単位立体角当たりの粒子数である．この解は，粒子の分布が $r$ について $\sqrt{4Dt}$ の幅をもって広がるガウス分布となっていることを示す．

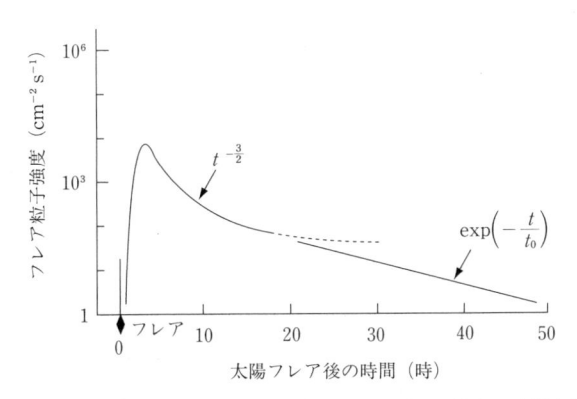

**図 A.4** 純粋な拡散過程から予想される太陽フレア粒子の強度の時間変化（地球軌道における変化）

フレア粒子の密度 $N(r,t)$ と時間との関係は，おおよそのパターンが図 A.4 に示すようになっている．拡散係数 $D$ は，気体運動論によると，平均自由行程 $l$ と粒子速度 $v$ を用いて，3次元空間の場合には，

$$D = \frac{1}{3}lv \qquad (3)$$

と与えられる．この関係と式(2)とを用いて，実際の観測結果について，いくつかの粒子エネルギーに対して描いてみると，図 A.5 に示すようになっており，実際の場合とよく合っていることがわかる．

▲ = 59 TO 80 MeV PROTONS ($R=330$ TO 400 MV, $\beta=.34$ TO .39)
■ = 38 TO 59 MeV PROTONS ($R=260$ TO 330 MV, $\beta=.28$ TO .34)
± = 16 TO 38 MeV PROTONS ($R=175$ TO 260 MV, $\beta=.18$ TO .28)
◇ = 3 TO 12 MeV ELECTRONS ($R=3.5$ TO 12.5 MV, $\beta=0.99$)

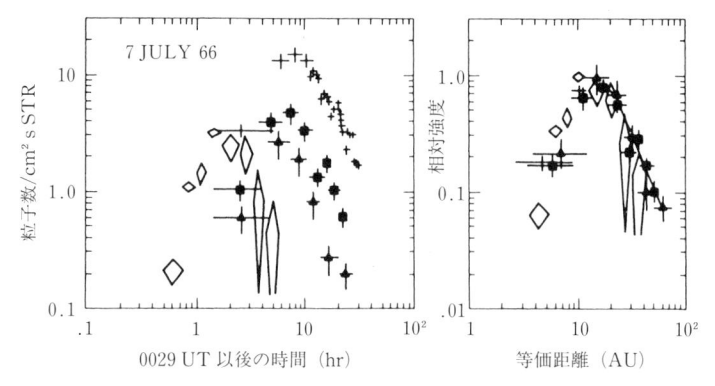

図 **A.5** 1966年7月7日に観測された強度の対数と拡散時間の対数との関係 理論によく合っているのがわかる．

ル量で $-D\nabla\rho$ と与えられる．この結果は式(2.33)で既に使われている．

## 2.2 ブラウン運動と拡散過程

現在では，ブラウン運動は分子のランダムな運動に関わってひき起こされる現象であることがわかっている．したがって，この現象が発見された1820年代の後半（ブラウンによる最初の論文が発表されたのは1828年）にあっては，顕微鏡下にみられるミクロな"微粒子"の奇妙な運動とみなされていた．この事情は20世紀に入ってからもあまり変わらず，この微粒子が生きていることによる振舞いかもしれないとの疑惑は依然としてあった．

生きている分子に，この微粒子が同定されるのではないかとの想定は，このブラウン運動が顕微鏡下で，植物の受精の機構について，花粉を用いて研究していた一植物学者によって発見されたことにも関係があろう．この植物学者がロバート・ブラウン（R. Brown）で，この運動に関する最初の論文は1828年に出版されている．こわれた花粉から滲みでた微粒子が，時折，ピョンとはねるようにランダムに移動することを彼は顕微鏡下で観察したのであった．ブラウン運動とよばれるようになった理由は，この観察によるものだが，最初の論文以後，この運動について10篇も論文を物していることは，彼自身大いに関心をかきたてられたからであろう．

ブラウン運動は，2.1節で言及した乱歩，いい換えれば，ランダム・ウォークと同等の現象なので，そこで導かれた拡散方程式とその解をこの運動の研究に応用することができる．だが，ここではこのブラウン運動が拡散過程に関わった問題と，どのように関係しているかについて，確率過程にまで立ち入って考察することにする．研究の発展について，歴史的な面にもふれながら，物理現象として，どこに重要な意味が隠されているのかを考えてみることにしよう．

## ▶ブラウン運動とは何か

顕微鏡下でブラウンが見た"微粒子"の運動は例えば，図2.5に示すように，運動には何らの規則性もなく全くランダムに起こる．ここに示した結果は，ある一定の時間ごとに観察中の微粒子の位置を求めて，順次その位置を直線で結んでいってえられたものである．このようなランダムな運動の原因が"微粒子"が生きていることによると，当初考えられたのは，植物における受精の機構をさぐる目的で，花粉がとりあげられたことにある．だが，ブラウン自身が木材や金属の粉末も同様な運動をすることを間もなく確認したことから，無機質の物質にもこの運動が存在することとなり，生命物質に特有なものではないこととなった．このことについて，ブラウンは，この運動が有機物質だけでなく無機物質にも，生きているかのようだとよべる粒子から成るのだというふうにいっている．

ブラウンは，オーストラリアやタヒチにまで，植物標本採集のためにでかけたいわゆるプラント・ハンターの一人で，海外遠征においては，いろいろと苦

(a)

(b)

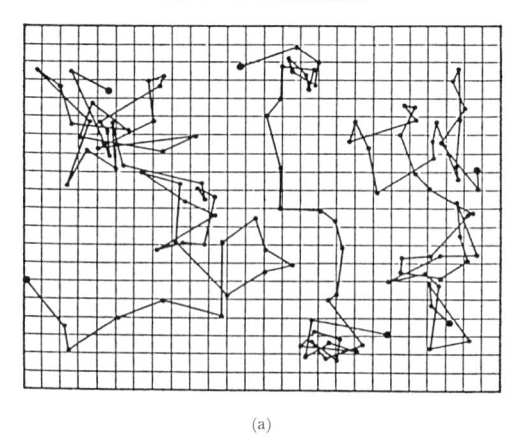

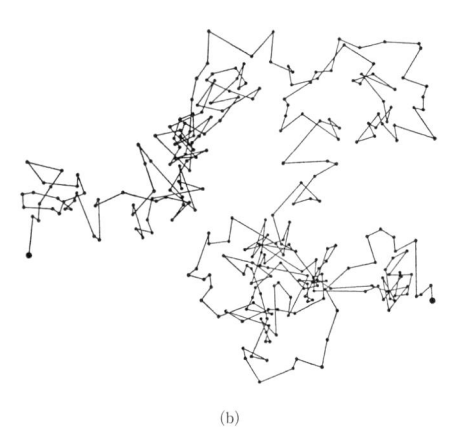

図 2.5 ブラウン運動の観察例
一定の時間間隔ごとにブラウン粒子の位置を観察してえた運動のパターン．

労をしたようだが，帰国後に名の知られた植物学者となった．ブラウン運動の発見で名声を博したのではないという．

　ダーシー・トムソン（D'Arcy Thompson）の名は，現在ではカオスやフラクタルの研究において，その先駆者の一人としてよく聞かれるが，彼はその著書『成長と形』（On Growth and Form）（1917 年）の中で「さらに詳しい分析をしなければ，この運動（ブラウン運動のこと）が極めて小さい生命体によるもので，本質的に'生きている'（vital）のかどうか，決めることができない」といっている．次節でのべるように，ブラウン運動の動力学的な理論的研

究は，1905年に既にアインシュタインによってなされ発表されていた．シュモルコフスキー（M. von Smoluchowski）によっても，この研究は独立になされていたのであった．発表は遅かったが彼の方が，アインシュタインに先んじていたことも現在では明らかにされている．

　ブラウンの最初の研究論文は，既にのべたように，1828年に出版されている．その後続けてたくさんの研究論文を書いているが，面白いと筆者に感じられるのは，無機物質の例のひとつに，エジプトにあるスフィンクスから採取した土くれが含まれていることである．ブラウン運動がどんな物質についても"微粒子"となっている場合には，認められることを明らかにしているのである．こんなわけで，ブラウンはこれら微粒子が生きたものであることを否定しているのだが，物質が小さな粒子から成っており，それら自身が観察されるような不規則で速い運動をするのであって，これら粒子を浮かす水などの媒質に成因があるのではないとしている．その際，これら粒子を活性分子（active molecule）とよんでいる．

　ブラウンの研究のすぐあとの1830年には，ムンケ（H. Muncke）が論文を書いているが，その中で，彼は"微粒子"が生きているなどということは問題外で，ブラウン運動は力学的な性質のものなのだと正しく推論している．図2.5に示した結果は，アインシュタインの理論を実験的に検証したジャン・ペランによるものだが，たくさんの観測例について統計的に処理すると，2.1節でえられた拡散に関する理論的な予測とよく合っていることも，彼によって調べられている．

### ▷ブラウン運動の処方

　ブラウン運動は，水などの溶媒中ににある"微粒子"が，周囲にある"分子"のランダムな運動による力の作用により，不規則に運動することから生じる．この運動について理論的に正しい取り扱いを初めてしたのが，アインシュタインで，1905年のことであった．この年は，アインシュタインにとって奇跡の年ともいわれているように，光量子仮説，特殊相対論の2つが相次いで提出されている．ブラウン運動の理論も，この年に発表されているのだが，この理論に対しては，熱力学の第2法則に関わった研究が既に2篇発表されていたのであった．

ここでは,ランジュバンによるブラウン運動の研究についてふれる前に,アインシュタインが,この運動をどのように扱ったのかについて,まずみることにしよう.ブラウン運動をする微粒子をブラウン粒子とよんで,この粒子がコロイド状になった溶液中を不規則に運動しているとする.ブラウン粒子は,溶液中の分子運動の圧力の作用を受けて運動しているのだから,この粒子の圧力 $P$ は,溶液の浸透圧に等しく,溶液の温度 $T$,密度 $N$,それに,この粒子の数密度 $n$ を用いて,

$$P = \frac{nRT}{N} \tag{2.34}$$

と表される.ここに,$R$ は気体定数である.

ブラウン粒子に外力 $f$ が $x$ 方向に作用しているとすると,この粒子の浸透圧 $P$ による力,つまり,圧力 $P$ の勾配と釣り合うはずである.したがって,

$$-\frac{\partial P}{\partial x} = nf \tag{2.35}$$

式(2.34),(2.35)から,力 $f$ を求めると,$n$ が可変なので,

$$f = -\frac{RT}{N}\frac{\partial n/\partial x}{n} \tag{2.36}$$

という結果がえられる.この力 $f$ の作用の下に,半径 $\rho$ の球(ブラウン粒子と考える)が,粘性係数 $\eta$ の液体中を運動するとき,この球の速さ $v$ は

$$v = \frac{f}{6\pi\eta\rho} = \frac{f}{R'} \tag{2.37}$$

で与えられる.これは,流体力学でストークスの法則として知られる式である.外力 $f$ の下で単位時間に単位断面積を通って移動するブラウン粒子の数は,式(2.36),(2.37)から

$$nv = -\frac{RT}{N}\frac{1}{R'}\frac{\partial n}{\partial x} \tag{2.38}$$

となることがわかる.この式から,拡散の速さを規定する拡散係数 $D$ は

$$D = \frac{RT}{N}\frac{1}{R'} = \frac{RT}{N}\frac{1}{6\pi\eta\rho} \tag{2.39}$$

となる.この結果はブラウン粒子の半径が小さいほど,その運動が活発になること,この粒子の濃度とか組成には関係しないこと,液体の粘性が小さいほど,また,温度が高いほど,その運動が活発になることなどを示しており,実

験事実ともよく合うことが確かめられている．

式(2.37)で，$1/R'$はブラウン粒子の運動の起こりやすさ，いい換えれば移動しやすさ（mobility）を与える．ここで，$\beta = 1/R'$とおくと，

$$D = \beta \frac{RT}{N} \tag{2.40}$$

がえられる．この式が，アインシュタインの関係式とよばれる結果で，1905年に書かれた論文に現れている．今，$N$を1モルの分子数とした場合をとりあげると，$R = Nk$とおけるから，

$$D = \beta kT \tag{2.40}'$$

と簡略化される．この式で$k$はボルツマン定数である．したがって，拡散係数$D$，粘性係数$R'$（または移動しやすさ$\beta(=1/R')$）の測定ができれば，式(2.40)より，アボガドロ数の決定ができることになる．

2.1節で研究したように，1次元の拡散の場合には，ブラウン粒子の変位の2乗平均は，式(2.15)でみたように，

$$\overline{x^2} = 2Dt \tag{2.15}'$$

と拡散係数$D$と時間$t$の2つで与えられる．したがって，式(2.40)から，$\overline{x^2}$は

$$\overline{x^2} = t\frac{RT}{N}\frac{2}{R'} = 2\beta\frac{RT}{N}t \tag{2.41}$$

となる．この平均2乗変位（$\overline{x^2}$）は，顕微鏡下で十分に観察できる範囲に入るので，アインシュタインは，ここで展開されたような議論が正しかったとしたら，式(2.41)の関係は検証できるはずだと主張したのであった．1905年に書かれた論文の末尾で，アインシュタインが次のように書いているのは，えられた結果が実験的に十分に検証できるとの自信があったからであろう．

「誰かが，ここに提案した課題の解決に，近い将来成功されるよう希望しております．この課題は，熱の理論と関連して大変に重要なのです」

このアインシュタインの希望は，1908年に叶えられた．式(2.39)に示された拡散係数と溶媒として使った水の粘性率との間に，反比例の関係が成り立つことが，セディグ（R. Seddig）によって示されたのであった．また，同じ1908年に式(2.15)'に示した2乗平均変位が時間に比例することがアンリ（V. Henri）によって，実験的に確かめられている．ブラウン粒子の拡散は，1次

元の場合にはその拡散がある点から始まったとして,そこから一定距離の点に到達する粒子数と拡散開始後の時間との関係を実験から調べることにより,理論の妥当性を検証することができる.その結果は,図2.6に示すように,到達する粒子数と時間の平方根の関係から,理論とよく合っていることがわかる.

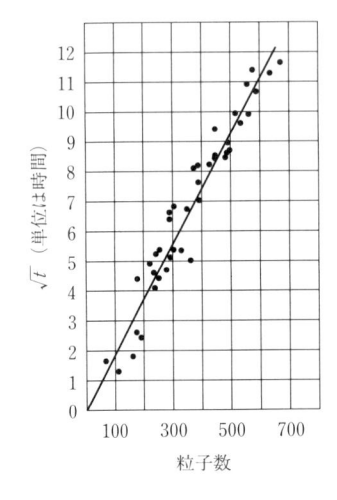

**図2.6** ブラウン運動におけるブラウン粒子の拡散を $\sqrt{t}$ ($t$ は時間)で表した結果(ペランによる)

2次元の場合には,ジャン・ペランと彼の学生たちによって,ガンボージとニス樹脂の微粒子を用いて,顕微鏡下で変位が観察された.ガンボージに対する観察結果の一例を図2.7に示す.この図では,微粒子の拡散はいくつかの同心円の中心から始まって,時間とともに外側へと広がっていく.この結果は,式(2.11)で与えられる $W(x,y,t)$ からの理論的予測とよく合っており,これからアボガドロ数が,式(2.40)を用いて推測された.ブラウン運動の理論の成功は,こんなわけで,分子の実在を示す証拠を提出することになったのであった.

ブラウン粒子の運動は,この粒子に作用する力がランダムなために,その結果生じる運動の方向もランダムとなる.その結果,この運動の扱いに統計的な平均操作が必要となり,このような扱いを通じて,ブラウン粒子が拡散の過程によって移動してゆくことが明らかにされたのであった.ブラウン粒子に働く力の作用がランダムに起こる場合に,この力を $f(t)$ と表すと,平均的には時間に対しこの力 $f(t)$ は

$$\overline{f(t)} = 0 \tag{2.42}$$

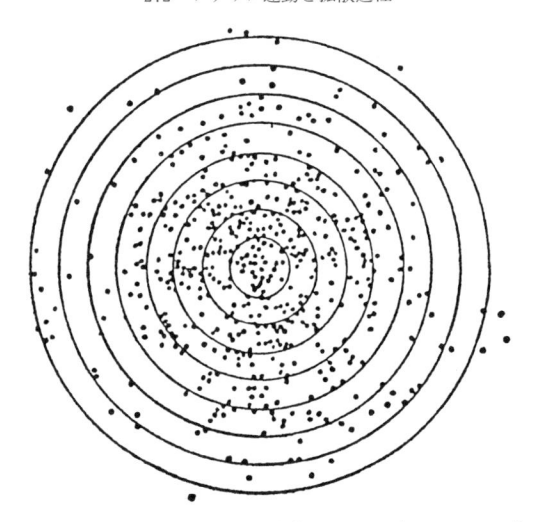

図 2.7 2次元面における粒子の拡散パターン（ペランによる）

を満たす．"バー"は時間平均であることを示す．

既にみたように，ブラウン粒子の運動は，溶媒となった分子による粘性抵抗を受けるので，ある時間 $t$ におけるこの粒子の運動の方程式は，1次元の場合については，位置座標を $x$ ととれば

$$m\frac{d^2x}{dt^2} + mR'\frac{dx}{dt} = f(t) \tag{2.43}$$

となる．この式で $m$ はブラウン粒子の質量である．ここで，ひとつ注意しておくと，ブラウン粒子が $x$ にあるとき，この粒子に働く力の作用の平均は

$$\overline{xf(t)} = 0 \tag{2.44}$$

と与えられる．式(2.43)は，ランジュバン方程式とよばれているが，ランジュバンが，1908年に初めて導いたことによる．

式(2.43)の両辺に $x$ を掛けると

$$mx\frac{d^2x}{dt^2} + mR'x\frac{dx}{dt} = xf(t)$$

となるが，この式を書き換えると

$$\frac{d^2}{dt^2}\left(\frac{m}{2}x^2\right) - m\left(\frac{dx}{dt}\right)^2 + mR'\frac{d}{dt}\left(\frac{x^2}{2}\right) = xf(t) \tag{2.45}$$

がえられる．この式の時間平均をとると，

$$\frac{d^2}{dt^2}\left(\overline{\frac{m}{2}x^2}\right) + mR'\frac{d}{dt}\left(\overline{\frac{x^2}{2}}\right) = \overline{m\left(\frac{dx}{dt}\right)^2} \tag{2.46}$$

となる．この式の右辺は，溶媒の温度を $T$ ととれば，既に学んだエネルギー等分配の法則から

$$\overline{m\left(\frac{dx}{dt}\right)^2} = kT \tag{2.47}$$

が成り立つので，

$$\frac{d^2}{dt^2}\left(\overline{\frac{m}{2}x^2}\right) + mR'\frac{d}{dt}\left(\overline{\frac{x^2}{2}}\right) = kT \tag{2.48}$$

と書き換えられる．

ここで簡単のために $m=1$ とおくと，上式は

$$\frac{d^2}{dt^2}(\overline{x^2}) + R'\frac{d}{dt}(\overline{x^2}) = 2kT \tag{2.49}$$

と変形できるから，変位の2乗 $(x^2)$ の平均についての式となる．この式を $(d/dt)(\overline{x^2}/2)$ について解くと，この式を時間について積分すればよいから，

$$\frac{d}{dt}\overline{(x(t))^2} = \frac{d}{dt}\overline{(x(0))^2}e^{-R't} + 2kTe^{-R't}\int_0^t e^{R'\tau}d\tau$$

$$= \frac{d}{dt}\overline{(x(0))^2}e^{-R't} + \frac{2kT}{R'}(1-e^{-R't}) \tag{2.50}$$

ここで，$x(0)=0$ ととって，この式をもう一度時間について積分すると，

$$\overline{(x(t))^2} = \frac{2kT}{R'}\left\{t + \frac{1}{R'}(e^{-R't}-1)\right\} \tag{2.51}$$

となる．この結果から，$t \gg 1/R'$ と時間をとると（長時間の平均をとるということ），

$$\overline{(x(t))^2} = \frac{2kT}{R'}t = 2\beta kTt \tag{2.52}$$

がえられる．ここで，式(2.40)′を参照すると，拡散係数 $D$ は

$$D = \beta kT \tag{2.53}$$

と表されることがわかる．これは，アインシュタインの関係式である．

変位の2乗平均 $(\overline{x^2})$ が，式(2.52)で与えられるとき，拡散方程式は式(2.20)のように表される．このことは，ランジュバン方程式，式(2.43)がランダムにブラウン粒子に作用する力 $(f(t))$ と粘性抵抗 $(R')$ が，この粒子の拡

散をひき起こすことを示している．ランジュバン方程式に外力 $F(x)$ が作用している場合には，

$$m\frac{d^2x}{dt^2} + mR'\frac{dx}{dt} = f(t) + F(x) \tag{2.54}$$

となる．この式において $(dx/dt) = v(t)$ とおくと，

$$m\frac{dv}{dt} + mR'v = f(t) + F(x) \tag{2.54}'$$

という式がえられる．今，運動が平衡に達した場合を考えると，$\overline{(dv/dt)} = 0$ ととってよいから

$$\overline{v} = \frac{1}{mR'}\overline{F(x)} \tag{2.55}$$

この式で，$1/mR'$ は外力 $F(x)$ によるブラウン粒子の易動度（mobility）を表す．この項は式(2.30)の右辺第2項に当たる．したがって，外力 $F(x)$ が働いているときの拡散方程式は，式(2.31)に示したような形のものとなる．このとき，ブラウン粒子のフラックス $J$ は

$$J = -D\frac{\partial n}{\partial x} + nv \tag{2.56}$$

で与えられる．この式で $n(x, t)$ はブラウン粒子の数密度である．

### ▷ 確率過程と拡散方程式

乱歩（ランダム・ウォーク）や，ブラウン運動のように時間的に偶然に起こる試行（できごと）の結果，ある現象が進行していく過程を確率過程という．現象を生じる過程をもたらす試行が確率的に起こることによる．その際，試行がその前に起こった試行にのみ関係している確率過程をマルコフ過程という．直前の試行にのみ関係する場合を単純マルコフ過程という．前にみた乱歩もブラウン運動もともに，単純マルコフ過程の例である．これらの試行は時間の経過の中で起こることから，時系列の理想化されたモデルが確率過程なのである．

連続的に変化する時間 $t$ をパラメータにもつ確率変数 $X_1, X_2, \cdots$ の集合 $\{X_i\}$ ($i = 1, 2, \cdots$) をとりあげる．この集合を確率過程というが，確率過程 $X_i$ を与えたとき，この $X_i$ は時刻 $t$ における偶然現象の記録を表す．確率過程 $X_i$ が与えられて，時刻 $t_n < t_{n-1} < \cdots < t_1 < t$ における $X_i$ の値（つまり，記録），

$X_{t_n} = x_n$, $X_{t_{n-1}} = x_{n-1}$, $\cdots$, $X_{t_1} = x_1$ がわかっているときに, $X_t \leq x$ となる条件付き確率

$$P\{X_t \leq t \mid X_{t_n} = x_n, \ X_{t_{n-1}} = x_{n-1}, \ \cdots, \ X_{t_1} = x_1\}$$

を遷移確率分布とよぶ.

ここでは, 単純マルコフ過程を扱うので, 遷移確率 $P(X_t \leq x)$ は

$$P(X_t \leq x) = \sum_{\eta} P(X_t \leq x \mid X_{t_0} = \eta) P(\eta < X_{t_0} < \eta + d\eta) \qquad (t_0 < t) \tag{2.57}$$

と与えられる. これは確率論において, 事象列 $A, A_1, A_2, \cdots, A_n$ が与えられたとき, これらが互いに排反であり, これらすべてが標本空間 $\Omega$ を構成する ($\Omega = A_1 \cup A_2 \cup \cdots \cup A_n$) とき, 事象 $A$ の起こる確率 $P(A)$ が

$$P(A) = P(A_1)P(A \mid A_1) + P(A_2)P(A \mid A_2) + \cdots + P(A_n)P(A \mid A_n) \tag{2.58}$$

と与えられることを用いている. $X_t$ が離散的な場合には

$$P(X_t \leq x) = \sum_{\eta} P(X_t \leq x \mid X_{t_0} = \eta) P(X_{t_0} = \eta) \qquad (t_0 < t) \tag{2.59}$$

となる.

$X_t$ が確率密度関数 $f(x, t)$ をもつときには, 遷移確率密度関数 $f(x, t \mid \eta, t_0)$ に対し, 次の関係

$$P\{x < X_t < x + dx \mid X_{t_0} = \eta\} = f(x, t \mid \eta, t_0) dx$$

が成り立つ. このとき全確率については

$$\int_{-\infty}^{\infty} f(x, t) dx = 1, \quad \text{また} \quad \int_{-\infty}^{\infty} f(x, t \mid \eta, t_0) dx = 1$$

が成り立つ. $X_i$ のとる値が離散的な場合には,

$$P(X_i = x) = \sum_{\eta} P(X_t = x \mid X_{t_0} = \eta) P(X_{t_0} = \eta)$$

で, 同様に

$$\sum_{\eta} P(X_t = x \mid X_{t_0} = \eta) = 1$$

が成り立つ. 今, 上にみたような関係は遷移確率密度についても, $t_0 < t_1 < t$ に対し

$$f(x, t \mid \eta, t_0) = \int_{-\infty}^{\infty} f(x, t \mid \eta_1, t_1) f(\eta_1, t_1 \mid \eta, t_0) d\eta_1 \tag{2.60}$$

また，
$$P(X_t = x \mid X_{t_0} = \eta) = \sum_{\eta_1} P(X_t = x \mid X_{t_1} = \eta_1) P(X_{t_1} = \eta_1 \mid X_{t_0} = \eta)$$
(2.61)

が成り立つ．これら2式(2.60)，(2.61)は，チャプマン-コルモゴロフの方程式とよばれている．これらの式はマルコフ過程の特徴を規定する基本の方程式なのである．

離散的なパラメータをもつマルコフ過程 $X_1, X_2, \cdots, X_n$ のとる値が同じく離散的で $1, 2, \cdots, i, \cdots, j, \cdots$ となっているとき，$m > k > n$ について
$$P\{i, m \mid j, n\} = \sum_l P\{i, m \mid l, k\} P\{l, k \mid j, n\}$$
(2.62)

と与えられる．このようになる場合をマルコフ連鎖とよんでいる．ここで，確率過程 $X_i$ が"時間的に斉次"であるというとき，任意の時刻 $t_0 < t$ に対し，
$$P\{a < X_{t+h} \leq b \mid X_{t_0+h} = \eta\} = P\{a < X_t \leq b \mid X_{t_0} = \eta\}$$
なる関係が任意の $a, b, h, \eta$ に対し成り立つ場合であることを意味している．したがって，
$$P\{a < X_t \leq b \mid X_{t_0} = \eta\} = P\{a < X_{t-t_0} \leq b \mid X_0 = \eta\}$$
のように時間をずらしても遷移確率な変わらないことなのである．このことは，時間の原点 0 を基準にとって，遷移確率を考えればよいことを示しているから，
$$P\{a < X_{t-t_0} \leq b \mid X_0 = \eta\} = P\{a < X_{t-t_0} \leq b \mid \eta\}$$
としてよい．また，
$$f(x, t \mid \eta, t_0) = f(x, t - t_0 \mid \eta)$$
ととってよいことになる．式(2.62)については
$$P\{i, m \mid j, n\} = p_{ji}^{(m-n)}$$
(2.63)

とおいてよいことがわかる．したがって，時間的に斉次なマルコフ連鎖の遷移確率は
$$P\{X_n = j \mid X_0 = i\} = p_{ij}^{(n)}$$
と与えられ，$i$ から $j$ に $n$ ステップで遷移する確率を表している．特に
$$p_{ij}^{(0)} = \delta_{ij} = \begin{cases} 0 & (i \neq j) \\ 1 & (i = j) \end{cases}$$

とおく.また,

$$p_{ij}{}^{(n)} = \sum_k p_{ik} p_{kj}{}^{(n-1)} = \sum_k p_{ik}{}^{(n-1)} p_{kj} \tag{2.64}$$

$$p_{ij}{}^{(n+m)} = \sum_k p_{ik}{}^{(n)} p_{kj}{}^{(m)} = \sum_k p_{ik}{}^{(m)} p_{kj}{}^{(n)} \tag{2.65}$$

の成り立つことがわかる.今,求めた式をチャプマン-コルモゴロフの方程式とよぶ場合もある.上式に対して,行列式を用いた形式での表示を行うと,$p_{ij}$を第$i$行,第$j$列の行列成分とすればよい.このようにしてえられた行列を遷移確率行列とよぶ.上式から行列の積に関する通常の計算法が適用できることがわかる.

チャプマン-コルモゴロフの方程式(2.60)に対して,微小時間$h$の間における遷移確率密度$f(x,t|\eta,t_0)$の変化をとりあげる.$\eta$を$y$と$z$の間の値を表すとすると

$$\begin{aligned}f(x,t|y,s) &= \int_{-\infty}^{\infty} f(z,s+h|y,s) f(x,t|z,s+h) dz \\ &\fallingdotseq \int_{-\infty}^{\infty} f(z,s+h|y,s) \Bigl[ f(x,t|y,s+h) \\ &\quad + (z-y)\frac{\partial f(x,t|\eta,s+h)}{\partial y} \\ &\quad + \frac{1}{2!}(z-y)^2 \frac{\partial^2 f(x,t|\eta,s+h)}{\partial y^2} \\ &\quad + \frac{1}{3!}(z-y)^3 \frac{\partial^3 f(x,t|\eta,s+h)}{\partial y^3} \Bigr] dz\end{aligned}$$

したがって,

$$\begin{aligned}&f(x,t|y,s+h) - f(x,t|y,s) \\ &= -a(s,h,y)\frac{\partial}{\partial y} f(x,t|y,s+h) - \frac{1}{2} b^2(s,h,y) \\ &\quad \times \frac{\partial^2}{\partial y^2} f(x,t|y,s+h) + \frac{\theta}{6} c(s,h,y)\end{aligned} \tag{2.66}$$

がえられる.ただし,$|\theta| \leq \max|\partial^3 f/\partial y^3|$である.上式にでてきた$a(s,h,y)$,$b^2(s,h,y)$および$c(s,h,y)$は,上式を導く際に展開した各項について$z$で積分した際にでてきた係数である.これらは

$$a(s,h,y) = \int_{-\infty}^{\infty}(z-y)f(z,s+h|y,s)dz$$
$$b^2(s,h,y) = \int_{-\infty}^{\infty}(z-y)^2 f(z,s+h|y,s)dz \quad (2.67)$$
$$c(s,h,y) = \int_{-\infty}^{\infty}|z-y|^3 f(z,s+h|y,s)dz$$

と求められる. $h \to 0$ の極限では

$$\frac{\partial}{\partial s}f(x,t|y,s) = -A(s,y)\frac{\partial}{\partial y}f(x,t|y,s)$$
$$- B^2(s,y)\frac{\partial^2}{\partial y^2}f(x,t|y,s) \quad (2.68)$$

となる. ただし,

$$A(s,y) = \lim_{h\to 0}\frac{a(s,h,y)}{h}$$
$$B^2(s,y) = \lim_{h\to 0}\frac{b^2(s,h,y)}{h} \quad (2.69)$$

今, 求めた式(2.68)はコルモゴロフの下向き (backward) 方程式とよばれるもので, $h \to -h$ とした場合にえられる式

$$\frac{\partial}{\partial s}f(x,t|y,s) = -\frac{\partial}{\partial y}[A(s,y)f(x,t|y,z)]$$
$$+ \frac{\partial^2}{\partial y^2}[B^2(s,y)f(x,t|y,z)] \quad (2.70)$$

を, コルモゴロフの上向き (forward) 方程式という.

連続マルコフ過程において, 時間的に斉次な場合には, $f(x,t|y,s) = f(x,t|y,t-s)$ の関係が成り立つので, $A(s,y)$, $B^2(s,y)$ はその定義(2.66), (2.68)から, 時間 $s$ に関係しなくなり, $y$ のみによることになる. ここで, $B^2(s,y) = b(y)/2$, $A(s,y) = a(y)$ とおけば, 上向きの方程式(2.70)から, $y = y_0$ とおき $y_0$ を固定して, $s$ を $t$, $y$ を $x$ と置き換えれば, $f(x,t|y_0,0)$ を $f(x,t)$ とおいて,

$$\frac{\partial f}{\partial t} = -\frac{\partial}{\partial x}[a(x)f] + \frac{1}{2}\frac{\partial^2}{\partial x^2}[b(x)f] \quad (2.71)$$

という式がえられる. これはフォッカー-プランク方程式として知られている.

式(2.71)で $a(x) = 0$, $b(x) = 1$ とおくと,

$$\frac{\partial f}{\partial t} = \frac{1}{2}\frac{\partial^2 f}{\partial x^2} \tag{2.72}$$

のような拡散方程式が導かれる．この式で，拡散係数 $D$ は $1/2(D=1/2)$ で表される．ブラウン運動については，前2節で既に研究したが，この運動は遷移確率密度関数 $f(x,t|y,s)$ で，ブラウン粒子の数密度 $u(x,t)$ を置き換えると，ウィーナー-レヴィ過程とよばれる過程を規定する式が，式(2.72)であることになる．$f(x,t)$ の初期条件として

$$f(x,0) = 0$$

また，境界条件として

$$f(-\infty,t) = f(\infty,t) = 0$$

ととり，$f(x,t)$ のラプラス変換を

$$f^*(x,s) = \int_0^\infty f(x,t)e^{-st}dt \tag{2.73}$$

ととれば，式(2.72)から次式が導かれる．

$$\frac{1}{2}\frac{d^2 f^*}{dx^2} - sf^* = 0 \tag{2.74}$$

この式を導くに当たっては，初期条件 $f(x,0)=0$ を考慮している．上式の1次独立な解は2つあるが，境界条件から，

$$f^*(x,s) = \exp(-\sqrt{2s}\,x)$$

がえられる．上式を反転すると

$$f(x,t) = \frac{1}{(2\pi t)^{1/2}}e^{-x^2/2t} \tag{2.75}$$

がえられる．$f(x,t)$ を $f(x,t|y,s)$ の形に変形すると，

$$f(x,t|y,s) = \frac{1}{(2\pi(t-s))^{1/2}}\exp\left\{-\frac{(x-y)^2}{2(t-s)}\right\} \tag{2.76}$$

という式が導かれる．拡散係数 $D=1/2$ ととったことから，上式のような表示となったが，拡散方程式(2.20)の場合には，上式で $s=0$, $y=0$ ととれば

$$f(x,t|0,0) = \frac{1}{(4\pi Dt)^{1/2}}\exp\left\{-\frac{x^2}{4Dt}\right\} \tag{2.77}$$

となり，2.1節でえた結果と同等の式がえられたことになる．ブラウン運動がウィーナー-レヴィ過程とよぶ確率過程の現象であることが，これにより示された．

## 2.2 ブラウン運動と拡散過程

ブラウン運動を研究したオルンシュタイン (L. S. Ornstein) とウーレンベック (G. E. Uhlenbeck) は，遷移確率密度関数 $f(x,t|y,s)$ について，$y=y_0$ と固定した上で，$s=0$ とおき，$f(x,t)$ について，$A(s,y)=-\beta y$，$B^2(s,y)=\alpha/2 (\alpha>0,\ \beta$ は定数$)$ ととり，$y\to x$ とおいて，

$$\frac{\partial f}{\partial t} = \beta\frac{\partial(xf)}{\partial x} + \frac{\alpha}{2}\frac{\partial^2 f}{\partial x^2} \tag{2.78}$$

で与えられるような式を導いた．この式にしたがう過程はオルンシュタイン-ウーレンベック過程とよばれている．

ランジュバン方程式(2.43)において $m=1$，$R'=\alpha$ ととると

$$\frac{d^2x}{dt^2} + \alpha\frac{dx}{dt} = f(t) \tag{2.43}'$$

となる．この式を時刻 $t_0$ を出発点として，積分すると

$$\frac{dx}{dt} = \left(\frac{dx}{dt}\right)_{t=t_0} e^{-\alpha(t-t_0)} + \int_{t_0}^{t} e^{\alpha(\eta-t)} f(\eta) d\eta \tag{2.79}$$

がえられる．したがって，ランジュバン方程式は，一般的には，$dx/dt$ について，

$$\frac{dx}{dt} = a(x,t) + b(x,t)\xi(t) \tag{2.80}$$

ととっても，本質は変わらないことがわかる．これは次のように変型できる．

$$dx(t) = a[x(t),t]dt + b[x(t),t]dW(t) \tag{2.81}$$

ただし，この式で $\xi(t)dt = dW(t)$ とおいた．この式は，確率的に変化する量 $x(t)$ がしたがう式で，伊藤の確率微分方程式 (Ito's stochastic differential equation) とよばれている．これから，$t$ と $t_0$ について，

$$x(t) = x(t_0) + \int_{t_0}^{t} a[x(t'),t']dt' + \int_{t_0}^{t} b[x(t'),t']dW(t') \tag{2.82}$$

と積分することができる．

ここで，$x(t)$ の任意の関数 $f[x(t)]$ をとりあげて，これがどんな確率微分方程式にしたがうか調べてみる．$df[x(t)]$ が $dW(t)$ に対し，2階まで微分できるとすると，

$$df[x(t)] = f[x(t)+dx(t)] - f[x(t)]$$
$$= f'[x(t)]dx(t) + \frac{1}{2}f''[x(t)]dx(t)^2 + \cdots$$

$$= f'[x(t)]\{a[x(t), t]dt + b[x(t), t]dW(t)\}$$
$$+ \frac{1}{2}f''[x(t), t]b[x(t), t]^2[dW(t)]^2 + \cdots$$

がえられる．式(2.81)を2乗して展開すると，$(dx(t))^2 = b[x(t), t]^2[dW(t)]^2 = b[x(t), t]^2 dt$ ととれるので，上式の右辺第3項の表示が導かれる．したがって，

$$df[x(t)] = \{a[x(t), t]f'[x(t)] + \frac{1}{2}b[x(t), t]^2 f''[x(t)]\}dt$$
$$+ b[x(t), t]f'[x(t)]dW(t) \tag{2.83}$$

という式がえられる．この式は伊藤の公式とよばれている．この公式を用いると $df[x(t), t]$ の時間平均 $\langle df[x(t)]\rangle$ について，

$$\frac{\langle df[x(t)]\rangle}{dt} = \langle \frac{df[x(t)]}{dt}\rangle = \frac{d}{dt}\langle f[x(t)]\rangle$$
$$= \langle a[x(t), t]\frac{\partial f}{\partial x} + \frac{1}{2}b[x(t), t]^2 \frac{\partial^2 f}{\partial x^2}\rangle \tag{2.84}$$

となる．$x(t)$ は条件付確率密度 $p(x, t | x_0, t_0)$ をもつので，上式より

$$\frac{d}{dt}\langle f[x(t)]\rangle = \int dx f(x) \frac{\partial p}{\partial t}(x, t | x_0, t_0)$$
$$= \int dx \left[a(x, t)\frac{\partial f}{\partial x} + \frac{1}{2}b(x, t)^2 \frac{\partial^2 f}{\partial x^2}\right] p(x, t | x_0, t_0) \tag{2.85}$$

が導ける．上式について部分積分をし，表面積分の項を無視すると

$$\int dx f(x) \frac{\partial p}{\partial t} = \int dx f(x) \left\{-\frac{\partial}{\partial x}[a(x, t)p] + \frac{1}{2}\frac{\partial^2 [b(x, t)]^2 p}{\partial x^2}\right\}$$

がえられる．$f(x)$ は任意なので

$$\frac{\partial p(x, t | x_0, t_0)}{\partial t} = -\frac{\partial}{\partial x}[a(x, t)p(x, t | x_0, t_0)]$$
$$+ \frac{1}{2}\frac{\partial^2}{\partial x^2}[b(x, t)^2 p(x, t | x_0, t_0)] \tag{2.86}$$

という式が求まる．この式はフォッカー・プランク方程式が確率微分方程式から導かれることを示している．

## 2.3 ランダム過程とフェルミ過程

　乱歩やブラウン運動は既にみたように，全く確率的に作用する力によってひき起こされる運動である．今，確率的といったが作用する力の向きと大きさが全然定まらないランダムなものであることを意味しているので，生じた運動そのものが，速さも向きもランダムとなる．ここでは，時間的にみてこのようにランダムにすすむ現象に関わる過程をランダム過程とよぶことにする．したがって，この過程は必然的に前節で研究した確率過程であることになるから，確率論とも深く関わっているのである．

　確率過程については，先行する事象が引き続いて起こる事象に因果的に関わらない場合，いい換えれば履歴を伴わない場合を今まで扱ってきた．このような場合が，マルコフ過程とよばれていることについては，前節で既にみた通りである．この節では，宇宙線粒子の加速過程のように，履歴を伴う場合を研究する．この加速過程については，フェルミが運動している銀河磁場と宇宙線との相互作用を 1949 年に扱った過程が有名で，現在ではフェルミ加速とよばれている．宇宙線のエネルギーが統計的な非可逆の加速過程により，増加していくのだが，この過程がフェルミ加速過程なのである．ここでは，この過程をフェルミ過程とよぶことにする．

### ▷ ランダム過程と確率論

　歪みなど全然ない正確なサイコロを振る試行をとりあげてみよう．これは物理的な過程ではないが，くり返しての試行ならば時系列の問題である．1 つのサイコロを振る試行において，例えば 6 の目が出るか，出ないかについて出る回数を確率変数とすると，最初の試行においてその確率はそれぞれ $1/6$, $5/6$ である．$n$ 回の試行において，6 の目が出る回数を $r$ 回，出ない回数を $(n-r)$ 回ととると，6 の目が $r$ 回出る確率 $P(r)$ は

$$P(r) = {}_nC_r \left(\frac{1}{6}\right)^r \left(\frac{5}{6}\right)^{n-r} (= \mathrm{Bin}(n, 1/6)) \tag{2.87}$$

で与えられる．この確率は 2 項分布 $\mathrm{Bin}(n, 1/6)$ に当たる．

　6 の目が出る回数 $r$ は 0 から $n$ に至るまでの場合があるから，

$$\sum_{r=0}^{n} P(r) = 1 \tag{2.88}$$

が成り立ち，この2項分布の平均 $m$，分散 $\sigma^2$ は，それぞれ

$$m = \sum_{r=0}^{n} rP(r) = \frac{n}{6} \tag{2.89}$$

$$\sigma^2 = \sum_{r=0}^{n} \left(r - \frac{n}{6}\right)^2 P(r) = n\frac{1}{6}\cdot\frac{5}{6} \tag{2.90}$$

と求められる．

2.1節でみたように，1次元の乱歩，いい換えればランダム・ウォークの場合には，前進か後退かの確率はともに1/2であるから，$n$ 回の移動について，$r$ 回前進し $(n-r)$ 回後退する確率は

$$P(r) = {}_nC_r \left(\frac{1}{2}\right)^r \left(\frac{1}{2}\right)^{n-r} \tag{2.1}'$$

となる．これについては2.1節で既にみた通りである（式(2.1)をみよ）．

一般的には，前進つまり図2.1で $x$ 軸上を右方（＋）へ移動する確率を $\alpha$，後退する確率を $\beta$ ととったとき，時刻 $t=0$ に原点（$x=0$）を出発した"ブラウン粒子"が，$n$ 回の移動の後（つまり，$t$ 時間後）に，点 $x$ に到達する確率 $P(x,t)$ は，次式のように表せる．今，1回の移動に要する時間を $T$ ととると，$nT = t$ であるから，

$$P(x, t+T) = \alpha P(x-a, t) + \beta P(x+a, t) \tag{2.91}$$

となる．この式で $a$ は1回の移動の距離である．初期条件として，

$$\left. \begin{array}{l} P(0,0) = 1 \\ P(x,0) = 0 \quad (x \neq 0) \end{array} \right\} \tag{2.92}$$

の2式が成り立つことは，図2.1から直ちにわかる．

ここで，$a$，$T$ をともに0に近づけた極限は，連続した過程となるから，式(2.91)を次のように変形して，テイラー展開できることになる．$\alpha + \beta = 1$ であるから，

$$P(x, t+T) - P(x, t) = \alpha\{P(x-a, t) - P(x, t)\} \\ + \beta\{P(x+a, t) - P(x, t)\}$$

となるので，展開の3項までとれば，

$$T\frac{\partial P(x,t)}{\partial t} + \frac{T^2}{2!}\frac{\partial^2 P(x,t)}{\partial t^2} + \frac{T^3}{3!}\frac{\partial^3 P(x,t)}{\partial t^3} + \cdots$$

## 2.3 ランダム過程とフェルミ過程

$$= -\alpha \frac{\partial P(x,t)}{\partial x} + \alpha \frac{a^2}{2!} \frac{\partial^2 P(x,t)}{\partial x^2} - \alpha \frac{a^3}{3!} \frac{\partial^3 P(x,t)}{\partial x^3}$$
$$+ \beta a \frac{\partial P(x,t)}{\partial x} + \beta \frac{a^2}{2!} \frac{\partial^2 P(x,t)}{\partial x^2} + \beta \frac{a^3}{3!} \frac{\partial^3 P(x,t)}{\partial x^3} \quad (2.93)$$

と変型できる。$T^3, a^3$を含む3項は$T, a$が微小量であることを考慮すれば無視してよい。式(2.89)，(2.90)を用いて，全移動量に対する平均と分散を求めると

$$\left.\begin{array}{l} m = (\alpha - \beta)an = (\alpha - \beta)a\dfrac{t}{T} \\ \sigma^2 = 4\alpha\beta \cdot na^2 = 4\alpha\beta a^2 \dfrac{t}{T} \end{array}\right\} \quad (2.94)$$

となる。上式に拡散係数$D = a^2/T$を用い，さらに$v = (\alpha - \beta)a/T$ととると，これは移動の割合（rate）を与えるので，平均の移動速度と考えてよい。

式(2.93)において，$T^3$と$a^3$を含む項を無視し，$D, v$を考慮し両辺を$T$で割ると次のような偏微分方程式が導かれる。

$$\frac{\partial P(x,t)}{\partial t} = -\frac{v}{D}\frac{\partial P(x,t)}{\partial x} + \frac{1}{2}D\frac{\partial^2 P(x,t)}{\partial x^2} \quad (2.95)$$

この式は，以前に求めたことのあるフォッカー–プランク方程式に当たる。このことは$P(x,t)$が$t$に関しては1回，$x$に関しては2回微分可能な関数であることを要請している。上式で$v$はブラウン粒子のドリフト運動を与えるが，$\alpha = \beta(=1/2)$の場合には0となり，式(2.95)はランダム・ウォークに対する拡散方程式

$$\frac{\partial P(x,t)}{\partial t} = \frac{1}{2}D\frac{\partial^2 P(x,t)}{\partial x^2} \quad (2.96)$$

が求まる。初期条件(2.92)を考慮すると，上式の解は

$$P(x,t) = \frac{1}{\sqrt{2\pi Dt}}e^{-x^2/2Dt} \quad (= N(0, Dt)) \quad (2.97)$$

となり，正規分布$N(0, Dt)$に当たることがわかる。この式から時間$t$とともに$P(x,t)$は，図2.4に示してあるように変化することがわかる。このランダム過程は前にふれたことのあるウィーナー–レヴィ過程に当たっているのである。

次に，1.3節で研究したポアッソン過程を別な確率過程の例としてとりあげ

てみよう．この過程は，偶然に発生する事象が極めてまれであるとともに，事象の起こる確率が時間にのみ依存しているものである．また，ある時間 $t$ 以後に事象の起こる確率が，この時間以前に起こった事象の数に全然関係しないことも，この過程の特徴である．

今，時間 $(t, t+\Delta t)$ の間 $\Delta t$ に，事象 $x$ が1回起こる確率 $P(\Delta t)$ は $\lambda(>0)$ を定数とすると，

$$P(\Delta t) = P\{x(t+\Delta t) - x(t) = 1\} = \lambda \Delta t + 0(\Delta t) \qquad (2.98)$$

で与えられる．$0(\Delta t)$ は，$\Delta t$ について2次以上の変次の微小量である．また，時間 $\Delta t$ の間に事象 $x$ が2回以上起こる確率は当然のこととして，

$$P\{x(t+\Delta t) - x(t) \geqq 2\} = 0(\Delta t) \qquad (2.99)$$

で与えられる．

ここで，時間 $t$ の間に，偶然に起こる事象が $k$ 回 $(k=1, 2, \cdots)$ の場合の確率を

$$P\{x(t) = k\} = p_k(t)$$

とおき，時間 $(0, t)$ の間に，$k = 0$，つまり，1回も事象が起こらない確率 $p_0(t)$ は，この過程に対する仮定から，$p_0(t+\Delta t) = p_0(t) p_0(\Delta t)$，また $\sum_{k=0}^{\infty} p_k(\Delta t) = 1$，$p_0(\Delta t) + \lambda \Delta t + 0(\Delta t) = 1$ より，

$$p_0(t+\Delta t) = p_0(t)(1 - \lambda \Delta t)$$

したがって，$\Delta t \to 0$ の極限では，上式は

$$\frac{dp_0(t)}{dt} = \lim_{\Delta t \to 0} \frac{p_0(t+\Delta t) - p_0(t)}{\Delta t} = -\lambda p_0(t)$$

となる．この解は

$$p_0(t) = c e^{-\lambda t}$$

で与えられるが，時刻 $t = 0$ では事象は起きていないので，$p_0(0) = 1$ だから，$c = 1$ となる．これから事象が時間 $(0, t)$ の間で全然起こっていない確率は

$$p_0(t) = e^{-\lambda t} \qquad (2.100)$$

で与えられることになる．

$p_k(t)(k > 0)$ については，時間 $(0, t)$ の間に事象が $k$ 回起こり，次の $\Delta t$ で起こらない場合，事象が $(k-1)$ 回起こり，次の $\Delta t$ で1回起こる場合，事象が $(k-i)$ 回起こり $(i = 2, 3, \cdots)$，次の $\Delta t$ で $i$ 回起こるという3つの場合があ

るから,
$$p_k(t+\Delta t) = p_0(\Delta t)p_k(t) + p_1(\Delta t)p_{k-1}(t) + 0(\Delta t)$$
$$= (1-\lambda\Delta t)p_k(t) + \lambda\Delta t p_{k-1}(t) + 0(\Delta t)$$
のような式が導かれる．$\Delta t \to 0$ の極限を上式についてとると,
$$\frac{dp_k(t)}{dt} = \lim_{\Delta t \to 0}\frac{p_k(t+\Delta t) - p_k(t)}{\Delta t} = -\lambda p_k(t) + \lambda p_{k-1}(t)$$
$$(k=1,2,\cdots) \quad (2.101)$$
となる．ここで $\lim_{\Delta t \to 0}[0(\Delta t)/\Delta t]=0$ を用いた．

微分方程式(2.101)の解は, $p_k(0)=0$ であることに注意して, 一般的に
$$p_k(t) = \frac{(\lambda t)^k}{k!}e^{-\lambda t} \quad (k=1,2,\cdots) \tag{2.102}$$
と与えられる．この結果は各時間 $t$ に対し, 事象 $x(t)$ の起こる確率がパラメータ $\lambda t$ のポアッソン分布にしたがうことを示している．1.3節で研究したように, 放射性崩壊の現象は, この分布にしたがっているし, 地表付近に入射してくる宇宙線のフラックスにみられる時間変化もこの分布にしたがっている．人の社会生活に関わったことがらでは, 公衆電話の利用状況, 夜間における有料道路料金所の車の通過台数なども, ポアッソン分布にしたがっている．

大気中に入射した宇宙線粒子（1次成分）が, 大気分子と核反応を起こし, 次々と2次成分の粒子を発生していく過程は, 宇宙線シャワーとよばれる現象で, フェラー‐アーレイ（Feller-Arley）過程の一例として知られている．発生した2次成分には消滅の過程も伴っているので, 出生消滅過程とよばれるものの例である．

ある時刻 $t$ における状態が $k$, 事象 $x(t)=k$ のときに, 次の時間 $(t, t+\Delta t)$ の間に $(k+1)$ の状態へ遷移する確率が, $\lambda_k \Delta t + 0(\Delta t)$ とし, また逆に $(k-1)$ の状態への遷移確率を $\mu_k \Delta t + 0(\Delta t)$ （ただし, $k \geq 1$）ととる．$\lambda_k, \mu_k$ がともに, 正であることは当然のこととして仮定されている．

時刻 $(t+\Delta t)$ のときに, $x(t+\Delta t)=k$ となる遷移には, 時間 $(0, t)$ で $k$ の状態にあるが, 次の $\Delta t$ の間に, その状態が変化しない場合, 時間 $(0, t)$ のときに, $(k-1)$ の状態にあり次の $\Delta t$ の間に1回だけ出生（発生）の事象が起こる場合, それに時間 $(0, t)$ の間で $(k+1)$ の状態にあり, 次の $\Delta t$ の間に1回だけ消滅の事象が起こる場合の3つがある．これらは互いに排反であるか

ら，
$$p_k(t+\Delta t) = (1-\lambda_k \Delta t - \mu_k \Delta t)p_k(t) + \lambda_{k-1}\Delta t p_{k-1}(\Delta t)$$
$$+ \mu_{k+1}\Delta t p_{k+1}(t) + 0(\Delta t)$$

したがって，$\Delta t \to 0$ の極限では

$$\begin{aligned}\frac{dp_k(t)}{dt} &= \lim_{\Delta t \to 0}\frac{p_k(t+\Delta t)-p_k(t)}{\Delta t}\\ &= -(\lambda_k+\mu_k)p_k(t) + \lambda_{k-1}p_{k-1}(t) + \mu_{k+1}p_{k+1}(t) \quad (k \geq 1)\end{aligned}$$
(2.103)

なる式が求まる．状態が 0 のときには，状態の数に減少はないので，

$$\frac{dp_0(t)}{dt} = -\lambda_0 p_0(t) + \mu_1 p_1(t) \qquad (k=0) \tag{2.104}$$

初期条件は，時間 $t=0$ のときの状態の数が $n$ ならば，
$$p_n(0) = 1 \quad \text{および} \quad p_k(0) = 0 \quad (k \neq n)$$

となる．式(2.103)から予想されるように，状態の数 $k$ の確率 $p_k(t)$ が，2つの状態数の確率 $p_{k-1}(t)$ と $p_{k+1}(t)$ で決まるので，一般的には，解くのが難しい．

上記の過程において，出生と消滅の両確率が一定で，それぞれ $\lambda$，$\mu$ のとき例えば，この過程に関わる宇宙線粒子間に相互作用がないときに，
$$\lambda_k = k\lambda, \qquad \mu_k = k\mu$$
ととれる場合が，フェラー-アーレイ過程なのである．この場合には，式(2.103)は，

$$\left.\begin{aligned}\frac{dp_0(t)}{dt} &= \mu p_1(t)\\ \frac{dp_k(t)}{dt} &= -(\lambda+\mu)kp_k(t) + \lambda(k-1)p_{k-1}(t) + \mu(k+1)p_{k+1}(t)\\ &\qquad\qquad (k=1,2,\cdots)\end{aligned}\right\}$$
(2.105)

となる．この式(2.105)が，上記過程の基本方程式なのである．この式の解 $p_k(t)$ が次式のように与えられることがわかっている（ここでは，$p_k(t)$ の解法についてはふれないで解だけを与えておく）．

$$p_k(t) = \frac{\lambda^{k-1}(\lambda-\mu)^2 e^{(\lambda-\mu)t}\{1-e^{(\lambda-\mu)t}\}^{k-1}}{\{\mu - \lambda e^{(\lambda-\mu)t}\}^{k+1}} \tag{2.106}$$

ここでとりあげた出生消滅過程は，元素間の化学反応や原子核反応などのとり扱いにも応用できる．太陽のような主系列星の中心部ですすむ熱核融合反応も結果的には水素核（陽子）4個が順次融合されてゆき，最終的にはヘリウム核1個を合成する融合反応である．この反応は陽子・陽子連鎖反応とよばれている．この反応には3つの競争過程（表1.1）があることが知られている．

### ▶ 拡散のパターン

乱歩やブラウン運動は，いわゆるブラウン粒子が前後左右，ジグザグに全くランダムに移動することから成っている．こうした移動は，ブラウン運動の場合には観察下の"微粒子"が溶媒となった液体の分子かその集合体による散乱を受けて起こる．したがって，拡散の過程の考察には，この散乱の機構の扱いが必要となる．

この散乱は，ブラウン粒子と溶媒の分子との衝突によって起こると考えてよいから，ブラウン粒子が時間 $(t, t+\Delta t)$ の間に，衝突しないで運動する確率 $P(t)$ と，衝突確率 $\omega$ との間の関係を求めることに関わる．先にみたポアッソン過程と同様に

$$P(t+\Delta t) = P(t)(1-\omega\Delta t) \tag{2.107}$$

が成り立つから，$\Delta t \to 0$ の極限で，

$$\frac{dP(t)}{dt} = \lim_{\Delta t \to 0} \frac{P(t+\Delta t) - P(t)}{\Delta t} = -P(t)\omega$$

したがって，積分して

$$P(t) = ce^{-\omega t}$$

この式で $c$ は，$t=0$ で $P(0)=1$ ととると，$c=1$ ととれることになる．したがって，

$$P(t) = e^{-\omega t} \tag{2.108}$$

となる．

式(2.108)に，ブラウン粒子が時間 $(t, t+\Delta t)$ の間に衝突する確率 $\omega\Delta t$ を掛けると，時間 $t$ の後に，この時間間隔 $\Delta t$ の間に衝突する確率がえられるから，相次ぐ衝突間の時間，いい換えれば"衝突時間"または"緩和時間" $\tau$ は

$$\tau = \int_0^\infty e^{-\omega t}\omega t dt$$

$$= \frac{1}{\omega} \tag{2.109}$$

したがって，ブラウン粒子の"平均自由行程" $l$ は，粒子の速さ $v$ を用いて，

$$l = l(v) = v\tau(v) \tag{2.110}$$

となる．

1次元空間の場合の拡散については既に考察し，変位の2乗平均が

$$\overline{x^2} = nl^2 \tag{2.14}'$$

で与えられることを求めている．また，$l^2 = \overline{v_x^2 t^2}$ が成り立ち，$\overline{v_x^2} = \overline{v^2}/3$ であるから，式(2.109)より，

$$\overline{t^2} = \int_0^\infty e^{-t/\tau} \frac{dt}{\tau} \cdot t^2 = \tau^2 \int_0^\infty e^{-u} u^2 du = 2\tau^2$$

がえられる．これより

$$l^2 = \frac{2}{3} \overline{v^2} \tau^2 \tag{2.111}$$

の関係が求まる．また式(2.15)より，

$$\overline{x^2} = 2Dt \tag{2.15}'$$

のように，$\overline{x^2}$ は拡散係数 $D$ を用いても表せるので，式(2.111)の結果から

$$D = \frac{1}{3} vl \left( = \frac{1}{3} \overline{v^2} \tau \right) \tag{2.112}$$

のように，拡散係数は粒子の速度と平均自由行程を用いて表現できることがわかる．この式中の $v$ は，式(2.110)を求めた折に用いた平均の速度，または，2乗平均速度の平方根である．この表現は，3次元空間における拡散の場合にも成り立ち，衝突の存在下の拡散過程に対して利用することができる．2次元の場合の拡散のパターンは時間の経過とともに図2.8に示すようになる．この図は前に示した図2.4と本質的には同じものである．

### ▶フェルミ過程のアイデア

天の川銀河空間の円板領域には，アームに沿うように磁場が広がっている．また，円板領域の両側には球状になってハロー（halo）とよばれる希薄なガスが分布する領域にも不規則な形状の磁場が広がっている．これらの磁場は天の川銀河空間に存在して不規則に運動しているプラズマに"凍結して"，磁場も

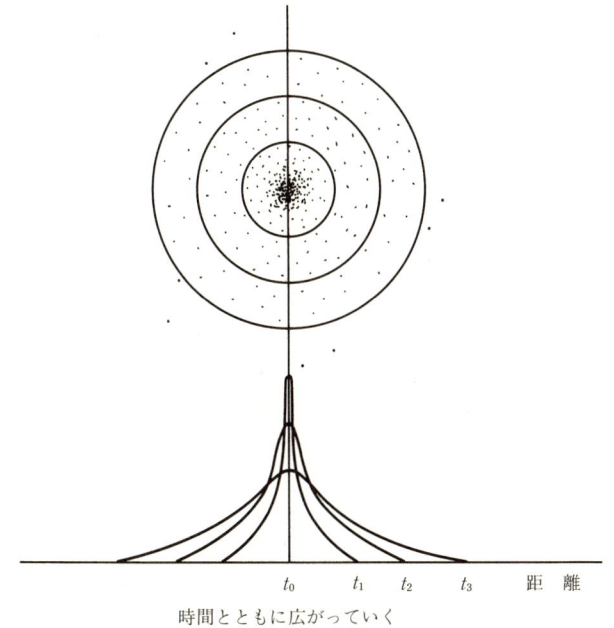

図2.8　2次元空間における粒子群の拡散
粒子数 $N$ は不変だが，時間の経過 $t_1 \to t_2 \to t_3$ に伴って粒子は広がっていく．

時間とともに広がっていく
時間：$t_0 \to t_1 \to t_2 \to t_3 \to$

運動している．似た事情は，超新星爆発に伴って高速で膨張してゆく電離ガス雲の中や太陽フレアに伴う磁気の乱れにもみつかる．

　磁場の運動により，磁力線に絡まってジャイロ運動をする宇宙線粒子は必然的に影響を受け，粒子のエネルギーは磁場の運動により誘起された電場による加速や減速をひき起こす．その加速率と減速率は大体同じなのだが，磁場の運動と粒子のそれとの相対的な関係により，統計的（stochastic）には加速の方が大きくなり，粒子はエネルギーを増す．このような加速の機構は，エンリコ・フェルミ（E. Fermi）により，1949年に提出されている．現在では，この機構には2種類あり，それらはフェルミI型，同II型の加速機構とよばれている．宇宙線加速の最も基本的で重要な機構と現在考えられている．

### （1）　宇宙線の統計的な加速

　天の川銀河空間には，プラズマに磁場が凍結されて，プラズマとともに運動

している.この運動は乱流状態にあると推測されているので,磁力線の向きと運動とは全くランダムになっているはずである.したがって,宇宙線粒子はそのエネルギーによって,ジャイロ半径の大きさが異なるから,銀河空間にあっては,磁力線の形状や運動によって,その運動のパターンが変調を受けることになる.

ランダムに運動する磁場は,その運動の向きが宇宙線粒子と正面衝突するようになっている場合には,宇宙線粒子のジャイロ半径が磁場を凍結したプラズマ雲のスケールよりずっと小さいとき,その粒子ははね返される.このとき,磁場の運動のエネルギーを一部もらい加速される.逆に,追突する場合には,宇宙線粒子のエネルギーは一部失われ減速される.

磁場を凍結したプラズマ雲と宇宙線粒子との衝突に対し,図2.9に示すようなモデルをとりあげる.この雲の速さを$V$,宇宙線粒子の速さを$v$ととったとき,この雲の上にとった座標系からこの粒子のエネルギーを観測すると,特殊相対論におけるローレンツ変換の公式から,

$$E' = \gamma_V(E + Vp) \tag{2.113}$$

と求まる.ただし$E$,$E'$は宇宙線粒子のエネルギー,$p$は運動量,また$\gamma_V$はローレンツ因子で

$$\gamma_V = \frac{1}{\sqrt{1 - V^2/c^2}}$$

である.また,運動量ベクトルに対するローレンツ変換の結果は

$$\boldsymbol{p}' = \gamma_V\left(\boldsymbol{p} + \frac{V}{c^2}E\right) \tag{2.114}$$

となる.

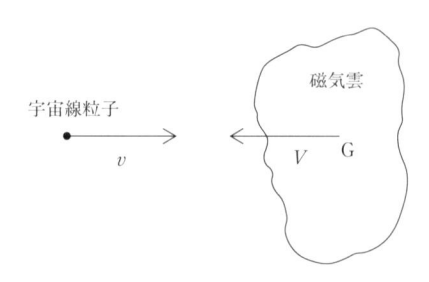

図2.9 宇宙線粒子と磁気雲との衝突過程(正面衝突の場合)

衝突の前後で，宇宙線粒子のエネルギーは保存されているが，運動量の向きは逆転する $(p' \to -p')$ ので，衝突後の宇宙線エネルギーをプラズマ雲からみると，

$$E'' = \gamma_V(E' + Vp')$$

という式がえられる．この式に式(2.113), (2.114)を代入して，ちょっとした工夫をすると，

$$E'' = E + 2\gamma_V^2 E \frac{V}{c}\left(\frac{V}{c} + \frac{v}{c}\right)$$

となる．この結果から正面衝突の場合には，

$$\Delta E = E'' - E = 2\gamma_V^2 E \frac{V}{c}\left(\frac{V}{c} + \frac{v}{c}\right) \tag{2.115}$$

に示すようなエネルギー増加が生じる．つまり，宇宙線粒子は加速されるのである．

他方，追突の場合にはエネルギーが失われるが，その大きさは

$$\Delta E = -2\gamma_V^2 E \frac{V}{c}\left(\frac{V}{c} - \frac{v}{c}\right) \tag{2.116}$$

となる．図2.9から直ちにわかるように，宇宙線粒子とプラズマ雲との相対速度は正面衝突では $V+v$，追突では $v-V$ となるから，正面衝突の確率と追突のそれとは，それぞれ

$$\frac{1}{2}\frac{V+v}{v}, \qquad \frac{1}{2}\frac{v-V}{v}$$

で与えられる．これより，衝突1回当たりの平均のエネルギー増加は，

$$\Delta E = \frac{1}{2}\left(\frac{v+V}{v}\right)2\gamma_V^2 E \frac{V}{c}\left(\frac{V}{c} + \frac{v}{c}\right)$$
$$- \frac{1}{2}\left(\frac{v-V}{v}\right)2\gamma_V^2 E \frac{V}{c}\left(\frac{V}{c} - \frac{v}{c}\right)$$

となる．この結果は次式のように簡単化できる．

$$\frac{\Delta E}{E} = 4\gamma_V^2\left(\frac{V}{c}\right)^2 \tag{2.117}$$

プラズマ雲の速さは，光速度に比べればかなり小さいので，$\gamma_V = 1$ ととってよい．それゆえ加速率，いい換えれば単位時間当たりのエネルギー増加は，

$$\frac{dE}{dt} = 4M\left(\frac{V}{c}\right)^2 E = \alpha E \tag{2.118}$$

となる.ここに $M$ は,単位時間当たりの衝突回数である.磁場を凍結したプラズマ雲の平均的な速さは数百 km/s と光速度 $c$ に比べてかなり小さいので,加速率は $M$ が非常に大きくない限り,このような統計的 (stochastic) な加速の効率は極めて小さい.

$V$ が 1000 km/s から $10^4$ km/s とかなり大きくなる場合は,爆発後の超新星の周辺に広がっている超高温のガス雲やパルサーの周囲に形成される同じ超高温のプラズマ雲中,あるいは太陽フレアから放出された超高温のガス雲などの運動である.これらのガス雲中の磁場の乱れは,スケールもあまり大きくないので,そこでは先の加速率に含まれる $M$ は極めて大きいことが予想される.いい換えれば,これらの雲の内部に捕捉されている間に,プラズマ雲中の一部の原子核が高エネルギーにまで加速されることになるであろう.

加速されながらプラズマ雲中に加速粒子が捕捉されている特性時間を $\tau$ ととると,これら粒子がしたがう拡散方程式は,粒子密度を $N(E)$ ととったとき,

$$\frac{dN(E)}{dt} = \frac{\partial}{\partial E}(a(E)N(E)) + \frac{\partial}{\partial E}\left(D\frac{\partial N(E)}{\partial E}\right) - \frac{N(E)}{\tau} + q(E) \tag{2.119}$$

となる.この式で $q(E)$ は粒子の生成率,$a(E)$ は粒子のエネルギー損失率,つまり $a(E) = -dE/dt(=-aE)$ である($N(E)$ は加速によりエネルギー $E$ の粒子が減少するから負号がつくのである).

天の川銀河空間では,銀河磁場による捕捉効果により,長時間にわたって平均すると宇宙線の密度はほぼ一定に保持されているであろうから,$dN(E)/dt = 0$ ととれる.また,宇宙線源がなければ $q(E) = 0$ ととれるから

$$\frac{\partial}{\partial E}(a(E)N(E)) + \frac{\partial}{\partial E}\left(D\frac{\partial N(E)}{\partial E}\right) - \frac{N(E)}{\tau} = 0 \tag{2.120}$$

と導ける.この式において拡散項は加速域に宇宙線粒子が捕捉されている場合には無視してよいから,上式から

$$-\frac{\partial}{\partial E}(aEN(E)) - \frac{N(E)}{\tau} = 0 \tag{2.121}$$

がえられる.したがって,この式は,

$$\frac{\partial N(E)}{\partial E} = -\left(1 + \frac{1}{a\tau}\right)\frac{N(E)}{E} \tag{2.122}$$

と変型できる．この式は直ちに積分できて，
$$N(E) = N_0 E^{-(1+1/\alpha\tau)} \tag{2.123}$$
となる．ここで，$N_0$ は積分定数である．

宇宙線のエネルギー・スペクトルは観測から大体
$$N(E) \propto E^{-2.65} \tag{2.124}$$
となることがわかっている（図2.10）．宇宙線中の陽子，ヘリウム，さらに重い原子核についても，ほぼ同じ形のスペクトルとなっているので，宇宙線の加速機構はどのような核種に対しても同じように働くものでなければならない．フェルミ加速は式(2.123)からわかるように，エネルギーについてベキ乗のスペクトルを与えるので，宇宙線の加速機構として有力なアイデアであるが，ベキ指数 $(1+1/\alpha\tau)$ を2.65に合わせようとすると，非常に無理のあることがわかる．

そのため，フェルミ加速をいろいろと修正して，観測に合わせようとする試みとともに，加速がなされる領域の物理的条件にいろいろな仮定を設けて，観

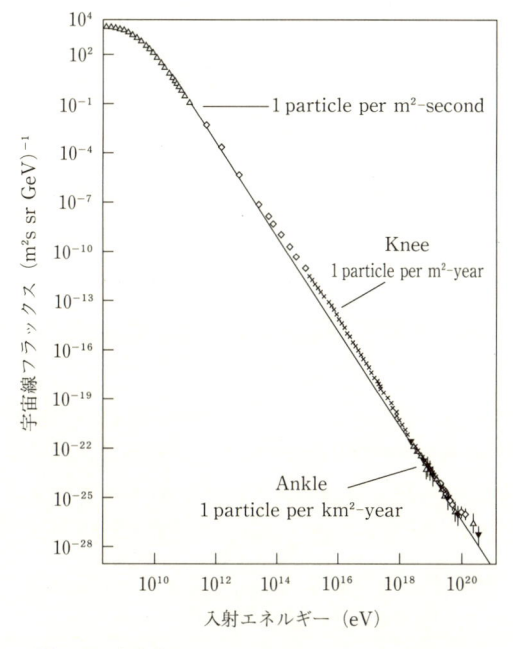

図2.10 宇宙線フラックスのエネルギー・スペクトル

測と矛盾のないように理論を組み立てる試みがなされている．現在，有力と目されているアイデアは超新星爆発などに伴って発生した衝撃波の前面に捕捉されながら宇宙線が加速されるというものである．このとき，宇宙線の加速は統計的な場合に比べて，何桁も効率がよくなるのである．ここでひと言，注意すべきことは宇宙線の起源については，今でも未解決の問題がいくつも残されているということである．

式(2.123)に与えた解は，式(1.120)において拡散項を0とおいて導かれたものである．実際には，この項に含まれる拡散係数$D$に，例えば式(2.112)を用いて定常状態の場合につき，式(1.120)を解かなければならない．

(2) エネルギー面からみた非可逆過程

図2.9には，正面衝突の場合を示してあるが，追突の場合には宇宙線粒子が磁気を帯びたプラズマ雲についてゆくことになり，追いついてはね返されたとき，エネルギーを失う．このエネルギーを失う割合は，正面衝突の場合の加速の割合と大きさが同じなので，正面衝突と追突の頻度が同じならば，統計的な加速を期待することはできない．しかしながら，既にのべたように，この頻度は正面衝突の方が$V/v$に比例して大きくなるので，宇宙線はゆっくりとだが全体として加速されてゆくことになる．統計的 (stochastic) にみて加速が起こるのは，この頻度のちがいのためなのである．したがって，加速が非可逆的に起こることになる．

宇宙線の加速に限らず，荷電粒子の加速は人工的な加速器によるものも含めてすべて，電場によるものである．運動する磁力線との相互作用による加速の場合でも，この運動により誘導された電場によるのであって，図2.9に示した例もその一例である．速度$V$の運動により誘導電場が生じ，これによって加速が起こるのである．

図2.9では，磁気を帯びたプラズマ雲と宇宙線粒子とが正面衝突するが，実際には斜め衝突する場合の方が圧倒的に多い．例えば，図2.11に示すように宇宙線粒子の運動に対し雲の運動の向きが任意の角$\theta$をなすように考えると，式(2.113)に現れる粒子の運動量は$P\cos\theta$となるから式(2.113)は，

$$E' = \gamma_V(E + VP\cos\theta) \tag{2.125}$$

となる．したがって，座標変換後の運動量$P'$は

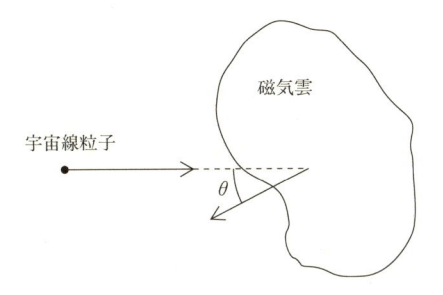

## 2.3 ランダム過程とフェルミ過程

**図 2.11** 図 2.9 の拡張に当たる例〔斜め衝突の場合（角 $\theta$ をなす）〕

$$P' = \gamma_V \left( P\cos\theta + \frac{VE}{c^2} \right) \tag{2.126}$$

と求まる．この結果から

$$E'' = \gamma_V(E' + VP')$$

は，$E', P'$ を用いて

$$E'' = \gamma_V{}^2 E \left\{ 1 + \frac{2Vv\cos\theta}{c^2} + \left(\frac{V}{c}\right)^2 \right\}$$

と変型できる．$\gamma_V$ を $V/c$ について展開し，2次の項までとると，

$$\Delta E = E'' - E = \frac{2Vv\cos\theta}{c^2}E + 2\left(\frac{V}{c}\right)^2 \tag{2.127}$$

となる．角 $\theta$ で衝突する確率は $\gamma_V[1+(V/c)\cos\theta]$ に比例するから，$v \to c$ の極限では，$\theta$ に対する平均は

$$\overline{\frac{2V\cos\theta}{c}} = \left(\frac{2V}{c}\right)\int_{-1}^{1} x\left[1+\left(\frac{V}{c}\right)x\right]dx \Big/ \int_{-1}^{1}\left[1+\left(\frac{V}{c}\right)x\right]dx$$

$$= \frac{2}{3}\left(\frac{V}{c}\right)^2$$

と計算できる．ただし，$x = \cos\theta$ である．この結果から相対論極限（$v \to c$）では，1回の衝突に対し，平均のエネルギー利得は

$$\overline{\frac{\Delta E}{E}} = \frac{8}{3}\left(\frac{V}{c}\right)^2 \tag{2.128}$$

となる．先にみたような正面衝突という単純なモデルと今の結果は係数だけ異なっているにすぎない．

プラズマ雲間の平均距離を $L$ とおくと，衝突時間は $L/v\cos\theta$，正面衝突と追突の場合の平均は $2L/v$（$v \to c$ に対しては，$2L/c$）$= 2T$ となるので，

$$\frac{dE}{dt} = \frac{4}{3}\frac{1}{T}\left(\frac{V}{c}\right)^2 E \tag{2.129}$$

となり，式(2.118)と同じ結果がえられる．宇宙線のエネルギー・スペクトルは式(2.119)を式(2.122)のように簡単化すれば，当然のことながら負のベキ乗のものとなる（式(2.123)を見よ）．

宇宙線の加速機構には，今までのべてきたような統計的な非可逆の過程に対して，可逆的に働くものもある．それは，1933年にスワン（W. F. G. Swan）によって最初に提案された加速機構で，後にベータートロン加速器に応用されたものである．そのため，この加速機構はベータートロン型加速機構と現在よばれている．

荷電粒子は，磁場内ではラセン運動を行う．そのとき，この粒子のジャイロ運動の半径 $\rho$ はほぼ $P/ZeB$ で与えられる．$Z$ は原子番号で，磁場の強さ（$B$）が時間的に変化すると，磁力線に垂直な電場が誘起される．これがファラディによる電磁誘導の法則で，磁場を $\boldsymbol{B}$，電場を $\boldsymbol{E}$ として，

$$-\frac{\partial \boldsymbol{B}}{\partial t} = \mathrm{rot}\,\boldsymbol{E} = \nabla \times \boldsymbol{E} \tag{2.130}$$

が成り立つ．粒子のジャイロ半径 $\rho$ が描く円周に沿った電場のポテンシャル $\phi$ は

$$\phi = -\frac{\partial}{\partial t}\oint_{\pi\rho^2}\boldsymbol{B}\cdot d\boldsymbol{S} = \oint_{\pi\rho^2}\mathrm{rot}\,\boldsymbol{E}\cdot d\boldsymbol{S} = \int_{2\pi\rho}\boldsymbol{E}\cdot d\boldsymbol{s} \tag{2.131}$$

と与えられる．$\boldsymbol{B}, \boldsymbol{E}, d\boldsymbol{S}, d\boldsymbol{s}$ などの物理量は，図2.12に示してある．この図の場合には，電子も陽子もともに，この誘導電場によって加速され，その加速によるエネルギー利得は

$$\Delta E = e\phi \tag{2.132}$$

である．もし，磁場の時間変化が負であれば逆に減速し，そのエネルギー損失は大きさでは式(2.132)となるから，ベータートロン型加速はフェルミ加速とちがって可逆となる．しかしながら，この加速でも加速粒子のジャイロ半径がこの粒子を捕捉している領域のスケールより大きくなれば，その領域から外部へでていってしまうので，実際上は非可逆だと考えてよい．このような加速は地球磁場内におけるオーロラ粒子の加速や太陽フレアに伴う粒子加速に実際に起こっているものと思われる．

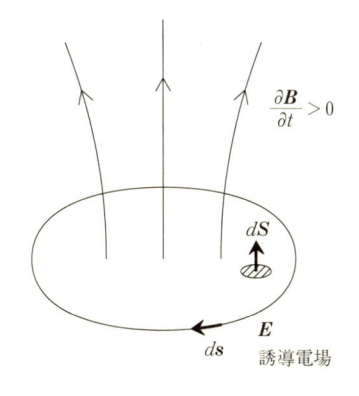

**図 2.12** 宇宙線粒子のベータートロン加速機構
磁気フラックスの増加に伴って正荷電の粒子は加速されていく．

フェルミ加速のように，その過程が非可逆にすすむ自然現象はいろいろとあるように思われる．エネルギーの利得や損失に関係はないが，ブラウン運動も非可逆的にすすむ過程である．この過程ではブラウン粒子も溶媒の分子もエネルギー的には等分配の法則にしたがっているので，ブラウン粒子が拡散していく途中で加速されるということはない．宇宙線粒子のフェルミ加速では，磁場を帯びたプラズマ雲のもつ運動エネルギーの量が莫大で，このエネルギーのごく一部を加速に消費するので，統計的に粒子が加速されてゆくことになる．

ブラウン粒子に対し外力が働いている場合についても既に考察したが，この外力は粒子の移動に与かるだけで定常的な粒子流の形成をひき起こす．この流れではエネルギー損失を伴う場合があり，散逸系とよばれる．外力が電場による場合には，ジュール損失がエネルギー損失を導く．

## 2.4 物理的な統計現象と誤差法則

物理学的な現象で，統計的な処理を施してその本質が見えてくるものについては，第1章でいろいろな例をとりあげてそれらの特徴について研究してみた．その結果，全くランダムに起こっているようにみえる現象の中に，ある種の規則性や周期性がしばしばみつかる場合のあることもわかった．ここでは，物理的な現象自体が統計的な性格をもつ場合のあることについて研究し，それらが統計的な分布則を基礎において成立することを明らかにする．また，物理現象の中に潜む法則性を追究するに当たって，実験的な観測や測定に必然的についてまわる誤差の統計的な処理の結果にみられる数理的な規則性が，どのよ

うなものかについても考察する.

### ▶ 気体分布則——マクスウェル-ボルツマン分布

ランジュバン方程式(2.43)において,$m=1$,$R'=a$ ととり,$dx/dt=v(t)$ とおくと,

$$\frac{dv}{dt}+av=f(t) \tag{2.43}'$$

がえられる.この式を時間 $t=t_0$ を出発点として積分すると,式(2.79)がえられる.

$$v(t)=v(t_0)e^{-a(t-t_0)}+\int_{t_0}^{t}e^{a(\eta-t)}f(\eta)d\eta \tag{2.79}'$$

既にみたように,$f(t)$ はランダムに作用する力なので,微細だが常に揺れている.したがって,式(2.43)'の右辺の力 $f(t)$ による速度の増加分は短い時間 $\Delta t$ に対して,

$$a(\Delta t)=\int_{t}^{t+\Delta t}f(t')dt' \tag{2.133}$$

ところで,この増加分は微細な上にランダムに作用する力であるから,この分布は正規分布,いい換えればガウス分布にしたがっているものと推測される.この分布について $b$ をある定数として

$$W(a(\Delta t))=\frac{1}{\sqrt{4\pi b\Delta t}}\exp\left(-\frac{(a(\Delta t))^2}{4b\Delta t}\right) \tag{2.134}$$

ととる.

今ここで,

$$S=\int_{0}^{t}\varphi(t')F(t')dt' \tag{2.135}$$

という量を定義し,$S$ の確率分布を $t=0$ のとき,$W(S)=\eta(S)$ ととったときについて求める.先にとったように時間を $\Delta t$ で分けて,$t'=i\Delta t$ とおき,

$$\varphi(t')=\varphi(i\Delta t)=\varphi_i$$

ととると,式(2.135)は,

$$S=\sum_{i=1}^{n}\varphi_i\int_{i\Delta t}^{(i+1)\Delta t}F(t')dt'=\sum_{i}S_i$$

となる.このとき式(2.133)を参照すると

$$S_i=\varphi_i a(\Delta t) \tag{2.136}$$

とおける．上式の $S_i$ の確率分布 $\tau dS_i (= wdB)$ は

$$\tau(S_i) = \frac{1}{(4\pi l_i^2)^{1/2}} \exp(-S_i^2/4l_i^2) \tag{2.137}$$

で与えられる．ただし $l_i^2 = a\varphi_i^2 \Delta t$ ととった．

式(2.135)で与えられる $S$ を求めるには，$S = \sum_{i=1}^{n} S_i$ において $n \to \infty$ ととったとき中心極限定理により，$S$ はガウス分布にしたがわねばならない（式(2.28)を見よ）．したがって，

$$W(S) = \frac{1}{(4\pi \sum_i l_i^2)^{1/2}} \exp(-S^2/4\sum_i l_i^2) \tag{2.138}$$

となる．この式で

$$\sum_{i=1}^{\infty} l_i^2 = a \sum_{i=1}^{\infty} \varphi_i^2 \Delta t = a \sum_{i=1}^{\infty} \varphi(i\Delta t)^2 \Delta t$$
$$= a \int_0^t \varphi^2(t') dt' \tag{2.139}$$

である．この結果から $S$ の確率分布は，式(2.138)で表されることがわかった．

ここで式(2.79)′を $\varphi(t') = e^{a(t'-t)}$ を用いて，次のように書き表す．

$$v(t) - v(t_0) e^{-at} = \int_0^t \varphi(t') f(t') dt' \tag{2.140}$$

ただし，上式では簡単のために，$t_0 = 0$ ととってある．

$$\int_0^t \varphi(t')^2 dt' = \int_0^t e^{2a(t'-t)} dt' = \frac{1}{2a}(1 - e^{-2at})$$

であるから，時刻 $t = 0$ のとき，$W(v) = \delta(v - v_0)$ とおき，時刻 $t$ のときの速度 $v$ の分布を求めると，式(2.134)と(2.138)から

$$W(v, t\,;\,v_0)$$
$$= \frac{1}{\{(2\pi a/\alpha)(1 - e^{-2at})\}^{1/2}} \exp\left\{-\frac{(v - v_0 e^{-at})^2}{(2a/\alpha)(1 - e^{-2at})}\right\} \tag{2.141}$$

という式になる．ここで $t \to \infty$ としたとき，

$$\frac{a}{\alpha} = \frac{kT}{m} \tag{2.142}$$

とおけば，式(2.141)は

$$W(v, t=\infty ; v_0) = \left(\frac{m}{2\pi kT}\right)^{1/2} \exp\left(-\frac{mv^2}{2kT}\right) \qquad (2.143)$$

となり,マクスウェル-ボルツマンの速度分布となることがわかる.2つの式(2.134),(2.138)にしたがって現象が推移する過程は正規過程,または,ガウス過程とよばれている.

式(2.79)′をもう一度時間について積分すると,位置 $x$ について解ける.$t=0$ のとき,$x=x_0$ ととると,$v=dx/dt$ だから,

$$x - x_0 - \frac{v_0}{\alpha}(1-e^{-\alpha t}) = \int_0^t \varphi(t')f(t')dt'$$

となる.ただし,

$$\varphi(t') = \frac{1}{\alpha}(1 - e^{\alpha(t'-t)})$$

である.また,

$$\int_0^t \varphi(t')^2 dt' = \frac{1}{\alpha^2}\int_0^t (1-e^{\alpha(t'-t)})^2 dt'$$
$$= \frac{1}{2\alpha^3}(2\alpha t - 3 + 4e^{-\alpha t} - e^{-2\alpha t})$$

である.時刻 $t=0$ のとき,$x=x_0$,$v=v_0$ ととると,式(2.138)から時刻 $t$ における確率分布 $W(x,t)$ は

$$W(x,t) = \left[\frac{m\alpha^2}{2\pi kT(2\alpha t - 3 + 4e^{-\alpha t} - e^{-2\alpha t})}\right]^{1/2}$$
$$\times \exp\left[-\frac{m\alpha^2(x - x_0 - u_0(1-e^{-\alpha t})/\alpha)^2}{2kT(2\alpha t - 3 + 4e^{-\alpha t} - e^{-2\alpha t})}\right]$$

と与えられることになる.$t \gg \alpha^{-1}$ の時間では,

$$W(x,t) = \frac{1}{(4\pi Dt)^{1/2}} \exp\left\{-\frac{(x-x_0)^2}{4Dt}\right\} \qquad (2.144)$$

と変型できる.ただし

$$D = \frac{kT}{m\alpha} \qquad (2.145)$$

この $D$ は,既にのべたように,アインシュタインの関係式として知られている結果である.ガウス過程においては,ブラウン運動をする粒子群の速度分布はマクスウェル-ボルツマン分布にしたがっていることが明らかである.ランダムに作用する $f(t)$ による加速度から先じる速度分布が式(2.134)のような場

合には，フェルミ過程のように速度の増加分が蓄積されていくことがない．

### ▶ 物理現象にみられる統計的分布則

前節で研究したことから明らかなように，ブラウン運動にしたがう粒子群は長い時間の後には，その速度分布はマクスウェル-ボルツマンの速度分布則にしたがうようになる．平衡の状態にあってはこれらの粒子群は，この分布則にしたがっている．平衡の状態への移行に際して，エントロピー $S$ が時間とともにどのように変化するかについては，既に 1.2 節でのべた．

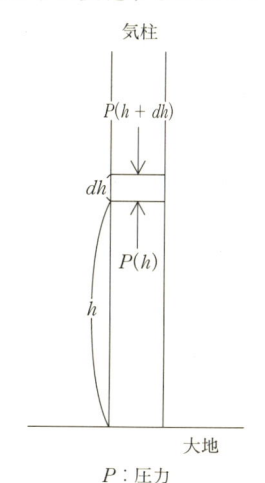

**図 2.13** 大気柱における大気圧の重力平衡

ここではまず，重力場の中で平衡状態にある気体分子の分布則について考えてみよう．図 2.13 に示すように，水平な地表面から垂直上方に気柱を想定し，高度 $(h, h+dh)$ の間の気圧差をとりあげる．気柱の断面積を $A$ ととると，これを高度差 $dh$ とで作る体積中の気体分子に働く力は，気体の質量密度を $\rho$ とすると，

$$f(h) = \rho g h \tag{2.146}$$

と与えられる．ただし，$g$ は重力加速度である．したがって，気圧を $P(h)$ ととると

$$P(h+dh) - P(h) = -\rho g dh$$

となるから，$dh \to 0$ の極限では

$$\frac{dP(h)}{dh} = -\rho g \tag{2.147}$$

となる．大気分子1個の平均質量を $\mu$，数密度を $n$ とおくと $\rho = \mu n$ であり，また，気体に関するボイル-シャールの法則が成り立っているとすると，単位体積当たり $P(h) = nkT$ ととれるから，$T$ が一定の大気では，

$$\frac{dn}{dh} = -\frac{\mu g}{kT} \cdot n$$

となる．したがって，この式を積分すると，

$$n(h) = n(0) e^{-\mu g h / kT} \tag{2.148}$$

という結果が導かれる．ただし，$n(0)$ は基準にとった地表面での大気の数密度である．このことから，重力場内の気体分子は，速度分布まで考慮すると，

$$n(h) = n(0) \exp\left\{-\frac{1}{kT}\left(\frac{1}{2}\mu v^2 - \mu g h\right)\right\} \tag{2.149}$$

のように表される．式(2.148)からわかるように，$H = kT/\mu g$ ごとに大気密度は $1/e$ に減少することから，この $H$ を特性高度（scale height）とよぶ．実在の大気では温度 $T$ が高さとともに大きく変わっているので，この $H$ はあくまでも大気変化の目安を与えるものと考えなくてはならない．

## ▷ 物理現象の測定誤差の分布と誤差法則

ある物理現象の中で，知りたい物理量を測定から求めるに当たって，常について まわるのは測定に伴う誤差である．多数回の測定の結果を平均することに より，私たちは欲しい物理量を求めるわけだが，このようにしてえられた数値 を正しいものと受け入れるに当たって，誤差の広がりについて見積もることを 常に行わねばならない．件の物理量の数値を確定するに当たって，それだけの 留保が必要なのである．

学生時代のことだが，地磁気の3成分について測定したことがある．地軸に よる南北極と地磁気の能率から導かれる南北極が一致していないために，地表 のある点で地磁気を測定するとき，例えば磁力の強さは地表に沿う水平成分の 強さ，地磁気子午面内における地磁気の向きの水平方向からの傾き（伏角とい う），それに地理上の子午面からの地磁気子午面の偏り（方位角という）の3 成分を用いて表せるので，これらをそれぞれ測定すればよいことになる．

小さな棒磁石を用意し、これを振動させてその振動の周期をくり返して測定して、例えば水平分力を求めることになる。水平分力の大きさを $n$ 回にわたって測定したとし、この大きさの数値を $x_i(i=1,\cdots,n)$ とおくと、平均値 ($\bar{x}$) は、

$$\bar{x} = \frac{1}{n}\sum_{i=1}^{n} x_i \tag{2.150}$$

と求められる。測定に当たって生じた誤差の広がりを見積もるために、分散と標準偏差を求めると、

$$V(x) = \frac{1}{n}\sum_{i=1}^{n}(x_i - \bar{x})^2 = \frac{1}{n}\sum_{i=1}^{n} x_i^2 - \bar{x}^2 \tag{2.151}$$

および、

$$\sigma(x) = \sqrt{\frac{1}{n}\sum_{i=1}^{n}(x_i - \bar{x})^2} = \sqrt{\frac{1}{n}\sum_{i=1}^{n} x_i^2 - \bar{x}^2} \tag{2.152}$$

となる。

ところで、実際の測定に当たっては、測定の対象である物理量 $x$ には、ある特定の真理値があるものと想定されている。この真理値は多分、平均値 $\bar{x}$ と同じであろうが、もし異なっているとしても、その差はごく小さいものと考えられる。真理値を $X$ ととると、$x_i$ との差を $\varepsilon_i$ ととれば、

$$x_i = X + \varepsilon_i$$

ととれる。ここで、任意の小さな一定の数 $\varepsilon$ をとり、$|\varepsilon_i| \leq \varepsilon$ と仮定すると、$\varepsilon_i$ は偶然誤差と考えることができるし、かつ $\varepsilon_i$ (したがって $\varepsilon$) の誤差が測定の際に生じる確率は、正負に同等だとしてよいであろう。このとき、$n$ 回の測定において、誤差が負となった回数を $p$ とすると、$(n-p)$ 回が正となるから、誤差の大きさの上限は $\varepsilon_i$ をすべて $\varepsilon$ ととったとき、

$$\xi = (n-2p)\varepsilon$$

となる。このようになる頻度は、$n$ 回の測定に当たって、$p$ 回がどこに入ってくるかの数で決まるから、

$$\frac{n!}{(n-p)!\,p!}$$

である。他方、$n$ 回の中で $(p-1)$ 回が負となっている場合は、誤差の大きさの上限が $(n-2p+2)\varepsilon = \xi + \varepsilon$、このようになる頻度は $n!/(n-p+1)!(p-1)!$ である。したがって、これら2つの場合に対する誤差発生の確率密度の比

は，確率密度関数を $f(\xi)$ ととると，

$$\frac{f(\xi+2\varepsilon)}{f(\xi)} = \frac{p}{n-p+1} \tag{2.153}$$

とおける．この結果から

$$\frac{f(\xi+2\varepsilon)-f(\xi)}{f(\xi+2\varepsilon)+f(\xi)} = -\frac{n-2p+1}{n+1} \simeq \frac{n-2p}{n} = -\frac{\xi}{n\varepsilon}$$

ととれるから，

$$f(\xi+2\varepsilon) \simeq f(\xi) + 2\varepsilon \frac{df(\xi)}{d\xi}$$

と変型できるので，

$$\frac{2\varepsilon\{df(\xi)/d\xi\}}{2f(\xi)} = \frac{\xi}{n\varepsilon} \quad \therefore \quad \frac{1}{f(\xi)}\frac{df(\xi)}{d\xi} = \frac{\xi}{n\varepsilon^2}$$

この式を積分すると

$$\log f(\xi) = -\frac{\xi^2}{2n\varepsilon^2} + C \tag{2.154}$$

となる．ここに $C$ は積分定数である．この式から，

$$f(\xi) = A\exp\left(-\frac{\xi^2}{2n\varepsilon^2}\right) \tag{2.155}$$

が求まる．式(2.151)を参照すると，$\sigma^2 = V(x) = n\varepsilon^2$ ととれるから，$\int_{-\infty}^{\infty} f(\xi)d\xi = 1$ と規格化すると $A = 1/\sqrt{2\pi\sigma^2}$ となる．

今，求めた結果から誤差の分布に対しては，正規分布となっていることがわかる．これをガウスの誤差法則とよぶ．このようなことから，式(2.155)をガウスの誤差分布曲線とよぶことがある．式(2.155)は，$\xi = 0$ に対して正負両側に対称で，$f(0) = 1/\sqrt{2\pi\sigma^2}$ が極大値をとる．この式がえられるためには，実際は $n\to\infty$ の極限をとることが必要で，このようなガウス分布関数が成り立つには，前にふれたことのある中心極限定理の成り立つことが必要である．

先に真理値といういい方をしたが，測定によってこの値を求めることは，実際上，不可能である．したがって，最も確からしい数値を最確値として，これをどのようにして求めるかが次の手段となる．最確値を $\bar{X}$ ととると，各測定ごとに誤差 $x_i - \bar{X}$ が，式(2.155)にしたがうとすると

$$f(x_i - \bar{X}) = \frac{1}{\sqrt{2\pi\sigma^2}}\exp\left\{-\frac{1}{2\sigma^2}(x_i - \bar{X})^2\right\} \tag{2.156}$$

## 2.4 物理的な統計現象と誤差法則

ととってよいから，おのおのの測定値に対応する誤差，$x_1 - \overline{X}$, $x_2 - \overline{X}$, … が同時にあるときの確率は，

$$\prod_{i=1}^{n} f(x_i - \overline{X}) = \left(\frac{1}{\sqrt{2\pi\sigma^2}}\right)^n \exp\left[-\frac{1}{2\sigma^2}\left\{(x_1-\overline{X})^2 + (x_2-\overline{X})^2 \right.\right.$$
$$\left.\left. + \cdots + (x_n-\overline{X})^2\right\}\right]$$

となる．したがって，この確率が最大となるときの $\overline{X}$ の値が最確値でなければならないから，最確値は

$$(x_1-\overline{X})^2 + (x_2-\overline{X})^2 + \cdots + (x_m-\overline{X})^2 = \sum_{i=1}^{n}(x_i-\overline{X})^2 \quad (2.157)$$

を最小にする数値である．このような誤差の処理法が最小2乗法とよばれるものなのである．上式(2.157)を最小にするには，$\overline{X}$ による微分からえられた微係数が0でなければならないから，このときの $\overline{X}$ を $X_m$ とおくと，

$$(x_1 - X_m) + (x_2 - X_m) + \cdots + (x_n - X_m) = 0$$

$$\therefore \quad X_m = \frac{1}{n}\sum_{i=1}^{n} x_i \quad (2.158)$$

となり，式(2.150)で求めた平均値 $\overline{x}$ に一致することがわかる．

このとき，標準偏差 $\sigma$ が，この測定における信頼度を与えるのである．既にみたように，誤差の分布は正規分布となるので，今，求めた平均値を用いるとこの分布は，

$$f(x) = \frac{1}{\sqrt{2\pi\sigma^2}} \exp\left\{-\frac{(x-X_m)^2}{2\sigma^2}\right\} \quad (2.159)$$

と，確率変数 $x$ を連続とみなしたときに書かれる．この式において，

$$Z = \frac{x - X_m}{\sigma} \quad (2.160)$$

のように変数変換すると，$Z$ は正規分布 $N(0,1)$ にしたがうことになる．このような変換(2.160)を標準化変換という．このとき，$-1 < Z < 1 (X_m - \sigma < x < X_m + \sigma)$ の範囲に測定値が入る確率 $P$ は，

$$P = \frac{1}{\sqrt{2\pi}} \int_{-1}^{1} e^{-Z^2/2} dZ$$
$$= \frac{1}{\sqrt{2\pi}} \int_{-1}^{\infty} e^{-Z^2/2} dZ - \frac{1}{\sqrt{2\pi}} \int_{1}^{\infty} e^{-Z^2/2} dZ$$
$$= \phi(-1) - \phi(1) \quad (2.161)$$

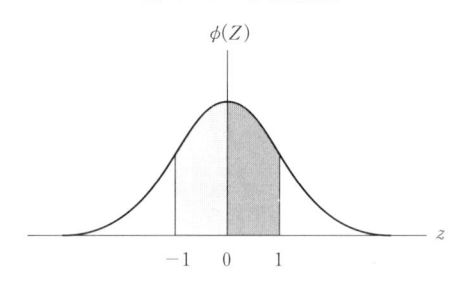

**図 2.14** 正規分布は中心に対し対称
区間 $[-1, 1]$ において占める面積は約 68％で，信頼度は $1\sigma$ に相当する．

となる．この式では，

$$\phi(Z) = \frac{1}{\sqrt{2\pi}} \int_Z^\infty e^{-Z^2/2} dZ \tag{2.162}$$

とおいた．式(2.161)が示す範囲を図示すると図2.14のようになる．この図から

$$\phi(-1) = 1 - \phi(1)$$

ということがわかるので，正規分布表（付録をみよ）より

$$P = 1 - 2\phi(1) = 1 - 2 \times 0.1587 = 0.6826$$

となるから，平均値 $X_m$ に対し，$x$ が $X_m - \sigma$ と $X_m + \sigma$ の間に入る確率，したがって，面積が全体の 68.26％ を占めることを示す．$X_m - 2\sigma < x < X_m + 2\sigma$ となる確率は，

$$P = 1 - 2\phi(2) = 1 - 2 \times 0.0228 = 0.9544$$

であるから，面積は全体の 95.44％ を占めることになる．したがって，平均値 $X_m$ の周囲に片側 $\sigma$ の幅をとると，一般にその中に含まれる確率変数は 70％ 近くになる．また，$2\sigma$ の幅をとると，その中に 95％ 以上入る．$3\sigma$ の幅とすると，ほぼ 100％ となる．

最小 2 乗法について，1 変数の場合を先ほどとりあげたが，ここで 2 変数の場合をとりあげて，いわゆる回帰分布について簡単にふれておく．2 つの変化する量 $(x, y)$ について，$n$ 組の測定データがあったとして，$x$ と $y$ の間に近似的に

$$y = ax + b \tag{2.163}$$

のような直線的な関係が成り立っていると仮定する．$n$ 組の測定データを $(x_1,$

$y_1$), $(x_2, y_2), \cdots, (x_n, y_n)$ とし, $\varepsilon_i = y_i - (ax_i + b)$ $(i = 1, \cdots, n)$ と, データと式(2.163)との誤差を $\varepsilon_i$ で表すと, $\varepsilon_1, \varepsilon_2, \cdots, \varepsilon_n$ は互いに独立で, これらの総和は 0, いい換えれば平均 $0 \left( = \sum_{i=1}^{n} \varepsilon_i \right)$ の確率分布にしたがっていると考えられる. したがって, 測定値 $y_i$ がえられる確率 $P_{a,b}(y_i)$ は正規分布にしたがっていると推測されるので,

$$P_{a,b}(y_i) \propto \frac{1}{\sigma_y} \exp\left[ -\frac{\{y_i - (ax_i + b)\}^2}{2\sigma_y^2} \right] \tag{2.164}$$

ととれる. これから $y_1, y_2, \cdots, y_n$ 全体の確率, $P_{a,b}(y_1, y_2, \cdots, y_n)$ は

$$P_{a,b}(y_1, y_2, \cdots, y_n) \propto \frac{1}{\sigma_y^n} P_{a,b}(y_1) P_{a,b}(y_2) \cdots P_{a,b}(y_n)$$

$$= \frac{1}{\sigma_y^n} e^{-\chi^2/2} \tag{2.165}$$

とおける. ただし,

$$\chi^2 = \sum_{i=1}^{n} \frac{\{y_i - (ax_i + b)\}^2}{\sigma_y^2} \tag{2.166}$$

である. 式(2.165)の確率が極大であるためには, 式(2.166)の和 $\chi^2$ が極小でなければならない. したがって, $\chi^2$ の $a, b$ による微分がそれぞれ 0 にならなければならない.

$$\frac{\partial \chi^2}{\partial a} = -\frac{2}{\sigma_y^2} \sum_{i=1}^{n} x_i (y_i - ax_i - b) = 0 \tag{2.167}$$

$$\frac{\partial \chi^2}{\partial b} = -\frac{2}{\sigma_y^2} \sum_{i=1}^{n} (y_i - ax_i - b) = 0 \tag{2.168}$$

今導いた 2 式から $a, b$ を求めるには,

$$\left. \begin{array}{l} a \sum_{i=1}^{n} x_i + nb = \sum_{i=1}^{n} y_i \\ a \sum_{i=1}^{n} x_i^2 + b \sum_{i=1}^{n} x_i = \sum_{i=1}^{n} x_i y_i \end{array} \right\} \tag{2.169}$$

の 2 式を $a, b$ について解けばよい. その結果 $a, b$ について,

$$a = \left( n \sum_{i=1}^{n} x_i y_i - \sum_{i=1}^{n} x_i \sum_{i=1}^{n} y_i \right) \Big/ \Delta \tag{2.170}$$

$$b = \left( \sum_{i=1}^{n} x_i^2 \sum_{i=1}^{n} y_i - \sum_{i=1}^{n} x_i \sum_{i=1}^{n} x_i y_i \right) \Big/ \Delta \tag{2.171}$$

がえられる. これら 2 式の中で $\Delta$ は

$$\Delta = n\sum_{i=1}^{n} x_i{}^2 - \left(\sum_{i=1}^{n} x_i\right)^2 \tag{2.172}$$

である．2式(2.170), (2.171)の結果は，$n$個の測定データを直線 $y = ax + b$ で近似したときの $a, b$ についての最もよい近似値を与える．この求められた直線はこれらデータに対する最小2乗法の最適の結果，または $x$ についての $y$ の回帰直線とよばれる．このように，最適の直線を導くこの方法は最小2乗法の別の利用法なのである．2次曲線や高次曲線による近似法の場合にも，最小2乗法は適用できるのである．

先に誤差を $\varepsilon_i (i = 1, 2, \cdots, n)$ ととった．これから，誤差の分散 $V(\varepsilon)$ は

$$V(\varepsilon) = \frac{1}{n}(\varepsilon_1{}^2 + \varepsilon_2{}^2 + \cdots + \varepsilon_n{}^2) = \frac{1}{n}\sum_{i=1}^{n} \varepsilon_i{}^2 \tag{2.173}$$

と与えられるから，先に求めた $a, b$ を用いて，分散と標準偏差 $\sigma_y (= \sqrt{V(\varepsilon)})$ が決定できる．また，$x_i, y_i$ についてのそれぞれの平均 $(\bar{x}, \bar{y})$ と標準偏差 $(\sigma_x, \sigma_y)$，それから積 $x_i y_i$ に対する平均 $\overline{xy}$ と標準偏差 $(\sigma_{xy})$ を用いて，$a, b$ は

$$a = \sigma_{xy}{}^2/\sigma_x{}^2 \tag{2.174}$$
$$b = \bar{y} - (\sigma_{xy}{}^2/\sigma_x{}^2)\bar{x} \tag{2.175}$$

と表される．この $a, b$ は誤差の2乗の和を最小にする直線の係数で，標本回帰係数とよばれる．標本相関係数を

$$C_{xy} = \left(\frac{\sigma_{xy}}{\sigma_x \sigma_y}\right)^2 \tag{2.176}$$

で定義すると，

$$y - \bar{y} = C_{xy}\left(\frac{\sigma_y}{\sigma_x}\right)^2 (x - \bar{x}) \tag{2.177}$$

と書けることになる．相関関係については，いろいろな現象について実際に調べられる．

---コラム 5---

## 太陽ニュートリノ・フラックスにみられるカオス的振舞い

表1.1にまとめてあるように，太陽の中心部では，3つの競争過程から成る陽子・陽子連鎖反応を通じて，どの過程でも最終的には水素核4個の融合からヘリウム核1個が生成され，その際に生じた質量の減少分が太陽のエネルギーとなる．この解放されたエネルギーの総量が電磁放射として外部の空間へと放出され，これが太陽の明かるさ（光度）を与える．

ヘリウム核が1個生成されるたびに，電子ニュートリノが副産物として2個創生され，この粒子も外部空間へと失われていく．この電子ニュートリノの地球の公転軌道におけるフラックスは，太陽に対し直角に張った$1 cm^2$の面に対し毎秒$10^{11}$個ほどに達する．このフラックスを実際に測定することにより，太陽の中心部ですすむ陽子・陽子連鎖反応を検証しようとの試みが，アメリカのデーヴィス（R. Davis, Jr.）らにより1960年代の前半に始められた．

彼らの試みは，この連鎖反応の中でエネルギー的にみて高いPP III過程で創生される電子ニュートリノのフラックスを測定しようとするものであった．この電子ニュートリノが，塩素の同位体（$^{37}Cl$）中の中性子と反応して作りだしたアルゴン37（$^{37}Ar$）が後に崩壊するときに発生する特性X線を計測することにより，このニュートリノのフラックスを推定したのである．

太陽からの電子ニュートリノのフラックスについて，1970年半ば以後，ほぼ

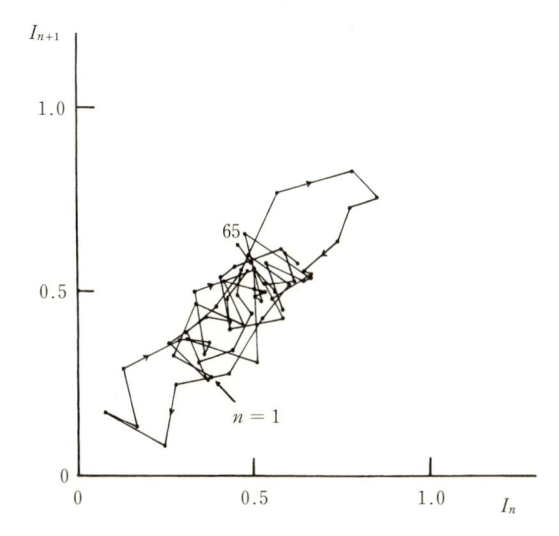

**図A.6** 太陽ニュートリノ・フラックスの変動にみられるカオス的パターン

連続的に測定されてきた結果は図 1.10 に示してある．この図を見て気づくことは，フラックスの大きさが一定せず，時間的にかなり大きく変動していることである．さらに，その変動には周期性の存在がうかがわれる．

今ここで，相次ぐ 2 つの測定結果を 1 つの組として順次，1 つずつ順番をずらしながら，図 1.10 に示した結果に対し，このような一連の組を作り，それらをグラフに表すと，図 A.6 がえられる．この図では，フラックスを $I$ とし，順番を $n$ ととって $(I_n, I_{n+1}; n=1, 2, \cdots, 65)$ の組についてプロットし，それらを順に直線で結んである．余りきれいではないが，時計まわりに 2 年余りの周期で，この組のデータ点が変動していることがわかる．ただし，1 回だけ 4 年半ほどの周期変動が，この図からわかるように，あることがわかる．

この図 A.6 に示した結果は，電子ニュートリノ・フラックスの時間変化が，カオス的に起こっていることを，私たちに教えてくれている．このフラックスの平均値については，この図からおおよその大きさが読みとれ，0.5 のあたりにあることがわかる．この値は現在の太陽の明るさを維持するのに必要とされる大きさの 3 分の 1 ほどにしかならない．この差の原因が不明なことから，この電子ニュートリノ・フラックスの不足が太陽ニュートリノ問題とよばれるようになっているのである．

# 3

# 物理法則の成立とその根拠

　物理法則といったとき，私たちがすぐに想い浮かべるのは，力学におけるニュートンの法則，電磁気学におけるいくつかの法則とそれらをひとつにまとめたマクスウェルの電磁場方程式，この本でも既に言及した熱力学の第2法則などであろう．ニュートンの法則が数学的には2階の常微分方程式で基本的には表されることも，よく知られていることであろう．今みたように，物理学では，基本法則とされるものはすべて，数学的には，微分方程式群で表される．

　数学的に表現できれば，ある物理現象に関わった物理量の間の量的な関係，つまり，定量的な関係が，一義的に決まることになる．しかしながら，こうした量的な関係について，実験的な確証を与えるためには，実験条件を整えて，対象とした物理量について精密な測定や観測を行わなければならない．ところが，どのような工夫を試みても，全く同じ実験条件を整えることは不可能である．そのため，測定や観測からえられた結果に対し，統計的な処理を施し，誤差について見積もることが必要となる．

　このことは，物理学も，他のいろいろな科学と同じように，広い意味の経験（当然，実験や観測を含む）に基づいて成立する学問であることを意味している．物理学も経験科学のひとつなのである．しかしながら，物理学に極めて特徴的なことは，この学問の研究対象は自然界にみられるものなら何でもよく，それらを貫いて成り立つ法則性や事実の探究が，その目的だということである．そうして，数学的表現を駆使して，法則の表現に厳密性を与えることが最も重要な物理学の存在理由となる．

　ごく最近になって，数学的表現にのらない物理学的な理論も提唱されるようになり，従来の伝統的な行き方から外れる分野も生まれてきている．カタスト

ロフィーとよばれる現象は，その一例である．また，カオスとよばれる現象は，数学的には微分方程式群により，決定論的な形式で表される理論から生まれることが明らかなので，物理法則に対する考え方自体が近い将来に変更を迫られるのであろう．

## 3.1 物理法則と確率分布──測定過程をめぐって

先にふれたように，物理学も経験科学のひとつであって，この学問におけるいろいろな物理法則もその大部分が数学的に表されているけれども，そのためには，実験や測定による確認が必要であった．実験や測定からえられた定量的な関係から，いろいろな物理法則が帰納的にえられているのである．

しかしながら，よく知られているように，実験や測定における条件を完全に同じにして，こうした作業が実際になされるなどということはまずありえない．そのため，多数回，ほぼ同じと想定できる環境条件を整えて実験や測定をくり返して行い，それらの結果を統計的に処理して，理想的な場合にえられると予想される定量的な関係を抽出することになる．えられたデータの統計的処理と，そこから導かれる誤差に関する見積もりと評価が，その際に重要となる．このような作業を経て，理想的な場合に実現されるであろう数学的な表現や定量的な事実関係を導くことになる．そこから，物理法則の一義的な数学的形式が求まるのである．

このような一連の手続きを経て求められた物理法則は，今度は，いろいろな研究対象に適用されていき，その有効性が試されることになる．その際，これらの法則の適用範囲，いい換えれば，成立する範囲が明白に意識されるのは，当然のことであろう．特に，20世紀に入ってから成立した量子力学と相対性理論は，物理学の法則やそれに関わる物理理論に，適用範囲が存在することを明らかにしたのであった．

### ▷ 物理法則の成立根拠

物理法則が客観的にみて成立するといえるためには，物理的な現象に現れるいろいろな物理量の間の関係が，数学的にみて量的な関係式で表されなければならない．このような関係式は，大抵の場合が時間をパラメータとした微分方程式で表される．ボルツマンの方程式や，熱力学の第2法則に関わるエントロ

ピーの時間変化の表現については，既に第2章でみたように，微分方程式の形式で表される．

力学の基本をなすニュートンの第2法則は，ひとつの系について力と加速度との関係を表すものだが，この関係は時間に対して，2階の常微分方程式で記述される．したがって，この方程式を解いたとき，積分定数が2つ表れるが，これらがある時刻 $t = t_0$ において特定のある数値をとるとしたとき，その解はユニークとなるだけでなく，時間 $t$ について，$-\infty \leq t \leq \infty$ の領域で，そのユニークさを保持する．

これらのことから，物理法則の数学的な表現形式は，物理現象の時間的発展を記述することがわかる．したがって，物理法則は，理論的な予測と，それから帰結する結末まで，一義的に決めてしまうことになる．いい換えれば，現象の記述に対し，数学的な表現はあいまいさを全然残さない，決定論的なものとなっているのである．

こうした物理法則の数学的な表現形式は，基本的には，経験的な基礎があって導かれたものであるけれども，対象とした物理現象が理想化された場合に対してのみ，実際は成り立つものである．現実には，こうした理想化は不可能で，実験や測定の作業においては，常に何らかの誤差がついてまわる．この誤差について統計的に処理して，その信頼限界を推定し，その範囲で理想化し，数学的な表現を行う．したがって，求められた物理法則とその数学的な表現形式には，常に一定の留保が，その適用についてなされることになる．

先にふれたように，理想化された物理現象は，現実に実現される条件下では決して起こらないので，時間的にみても一義的な発展だけが生じるわけではない．物理法則の表現に，厳密性をもたすために数学的な表現が用いられるのだが，それは現実を映す鏡では絶対にないのである．物理学は理論のみでは進歩は約束されないのである．ここのところに，広い意味で経験に基づいて成立する実験物理学の世界が広がる理由がある．

## ▷ 測定過程と誤差の推定

研究対象としたある物理現象に現れるいろいろな物理量について，できるだけ理想化された条件に近づけて，実験室や実験装置を整え，測定や観測を行い，因果的に関わる物理量間の関係を明らかにすることから，作業仮説や理論

の検証がなされる．その結果に基づいて，因果的な法則性が帰納され，数学的な表現が導かれることになる．

　測定や観測を厳密な意味で全く同じ理想的な条件下で行うことは不可能で，何らかの変動は常に予想されるし，実際にこのような変動が，いつでもついてまわることは現場の研究者なら誰でも経験していることであろう．したがって，このような変動を最小にするような条件を整えることが要請されることになる．だが，変動は常に伴うので，その大きさを見積もり，変動幅を極力抑えるよう試みなければならない．

　測定や観測については1回限りの試行ではなく，変動幅を最小にしようとする場合には，多数回の試行を必要とする．今 $n$ 回のこうした試行においてえられた数値を $x_i(i=1,2,\cdots,n)$ ととると，その平均は

$$\bar{x} = \frac{1}{n}\sum_{i=1}^{n} x_i \tag{3.1}$$

と求められる．この $\bar{x}$ が実は求めようとした物理量の平均値である．ここで，正しい数値，つまり真値を $\bar{x}'$ ととると，平均値からのずれ，$\delta_i$ は誤差なので，

$$\delta_i = x_i - \bar{x}' \tag{3.2}$$

となり，当然のことながら，$\sum_{i=1}^{n}\delta_i = 0$ である．この $\delta_i$ が，実は変動幅で，これが各試行における誤差を与える．この誤差を最小にするためには，既にのべたように，私たちは最小2乗法を用いて，この変動幅を推定することが必要となる．このためには，式(3.2)の $\delta_i$ を2乗して，加え合わせて，その結果を最小にするよう試みればよい．

$$S = \sum_{i=1}^{n}\delta_i^2 = \sum_{i=1}^{n}(x_i - \bar{x}')^2 \tag{3.3}$$

ととれば，式(3.1)から明らかなように，実は求める大きさが $\bar{x}$ なので，上式を $\bar{x}'$ で微分して，その結果を0とおいたとき，この真値 $\bar{x}'$ がえられるのは当然のこととなる．つまり，$\bar{x}' = \bar{x}$ となり，$\bar{x}$ は式(3.1)で与えられるものと同じであることが，最小2乗法から結果するのである．

　誤差の広がりについては，$\delta_i$ が正規分布にしたがっていると考えられるので，標準偏差を $\sigma$ ととると，$\delta_i(i=1,2,\cdots,n)$ が同時に存在するときの確率は

$$\prod_{i=1}^{n} f(\delta_i) = \left(\frac{1}{\sqrt{2\pi}\sigma}\right)^n \exp\left\{-\frac{1}{2\sigma^2}\sum_{i=1}^{n}\delta_i^2\right\} \tag{3.4}$$

となる．標準偏差 $\sigma$ は

$$n\sigma^2 = \sum_{i=1}^{n} x_i^2 - n\bar{x}'^2 \tag{3.5}$$

で与えられる．$\sigma$ は誤差の広がり，いい換えれば変動幅の目安を与える量なのである．

　測定や観測に当たって誤差の広がりが特定できれば，平均値 $\bar{x}$ が求める物理量の最確値（$\bar{x}'$）であるとして扱うことができる．誤差には，実際にはいろいろな原因から生じるものが含まれている．人為的なものには，測定や観測に当たる人のもつ個性に関わったものがあり，非人為的なものには，実験装置に個有のものや誤動作によるものなどがある．これらについては，できるだけ条件を正確に整えて，誤差を生じないように試みることが要請されるのである．

　物理法則の数学的な表現は，最確値 $\bar{x}'$ が真値であると想定して導びかれる．したがって，技術の進歩に伴い，測定や観測の手段や方法に，以前のものとちがった精密性が加わった折には，この数学的な表現さえ変わってしまうことになる．

## ▶ 誤差法則と確率

　多数回にわたる測定や観測からえられた個々のデータに付随する誤差が，ガウス分布になることについては，2.4節中の「物理現象の測定誤差の分布と誤差法則」で既にふれたが，この分布が誤差法則の実際の表現となっている．式(3.2)に示したように，真値からの個々のデータのずれ $\delta_i$ が，$n \to \infty$，いい換えれば，連続変数としてデータ値を扱える場合には，真値（平均値に等しい）$\bar{x}'(=\bar{x})$ と標準偏差 $\sigma =$ 式(3.5)を用いると，次式がその表現となる．

$$f(x) = \frac{1}{\sqrt{2\pi}\sigma} \exp\left\{-\frac{(x-\bar{x})^2}{2\sigma^2}\right\} \tag{3.6}$$

この関数 $f(x)$ は，図3.1に示すように，平均値 $\bar{x}$ に対して対称で，標準偏差 $\sigma$ が，その広がりの特性を与える．

　式(3.6)は，図3.1からわかるように，データ値の広がりが，$\bar{x}-\sigma \leq x \leq \bar{x}+\sigma$，つまり，$|x-\bar{x}| \leq \sigma$ の範囲に，ほぼ68.3%収まっていることを示

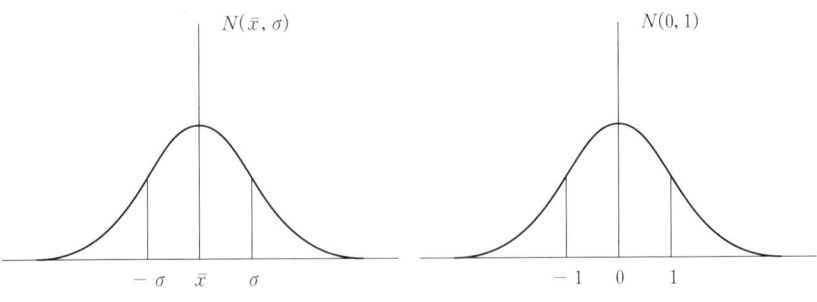

**図 3.1** 正規分布 $N(\bar{x}, \sigma)$ の表現における平均値 $(\bar{x})$ と標準偏差 $(\sigma)$

**図 3.2** 図 3.1 の正規分布を正規分布 $N(0, 1)$ に変換した後の表現
式 (3.7) による変換を行った結果．

す．また，$|x - \bar{x}| \leq 2\sigma$ の範囲に対しては，ほぼ 95.4% の確かさで，データ値が収まることを示す．統計数学の用語では，確率変数 $x$ が，$\bar{x} - \sigma < x < \bar{x} + \sigma$ となる確率を求めるに当たって，

$$y = \frac{x - \bar{x}}{\sigma} \tag{3.7}$$

のように，いわゆる標準化変換を行うと，上記の範囲は，$-1 < y < 1$ となるので，この確率 $P$ は，図 3.2 に示したように，

$$P = \int_{-1}^{\infty} f(y)dy - \int_{1}^{\infty} f(y)dy = 1 - 2 \times 0.1587$$
$$= 0.6826 \tag{3.8}$$

と求められる．$y$ が，$|y| < 2$ のときには

$$P = \int_{-2}^{\infty} f(y)dy - \int_{2}^{\infty} f(y)dy = 1 - 2 \times 0.0228$$
$$= 0.9544 \tag{3.9}$$

となる．えられたデータの統計結果について，その信頼度，または信頼限界を，標準偏差 $\sigma$ が与えることがわかる．$\sigma$ が小さければ，それだけえられたデータの精度がよいのである．このような場合には，図 3.1 についてみると，データ値が，平均値 $\bar{x}$ のごく近くに集中し，鋭いピークを $\bar{x}$ のところに作ることになる．

このようなわけで，測定や観測からえられた個々のデータにみられる誤差分布は，事例の数が大きくなるにつれて，ガウスの分布に近づくのである．これら個々の測定値や観測値は，統計的な処理に当たっては，ひとつの統計集団，

あるいは，標本の平均値，分散あるいは標準偏差については，既に研究したことから明らかなように，これらの期待値（expectation）を $E$ で表すと，標本確率変数 $x_1, x_2, \cdots, x_n$ について，

$$E[x] = \bar{x}\left(=\frac{1}{n}\sum_{i=1}^{n}x_i\right) \tag{3.10}$$

$$E[(x-\bar{x})^2] = \sigma^2\left(=\frac{1}{n}\sum_{i=1}^{n}(x_i-\bar{x})^2\right) \tag{3.11}$$

となる．標本の大きさが $N$ 個（$j=1, 2, \cdots, a, \cdots, N$）のときには，

$$E[x_N] = E\left[\frac{1}{N}\sum_{j=1}^{N}x_{ij}\right] = \bar{x} \tag{3.12}$$

したがって，

$$E[(x_{ij}-\bar{x})^2] = \frac{1}{N}\sigma^2 \tag{3.13}$$

となる．ここで，$j$ が互いに独立なときには，標本分散 $s^2$ は

$$s^2 = \frac{1}{N}\sum_{j=1}^{N}\left[\sum_{i=1}^{n}(x_{ij}-\bar{x})^2\right] \tag{3.14}$$

ととれるから

$$E(s^2) = \frac{1}{N}\left\{\sum_{i=1}^{n}(x_i-\bar{x})^2\right\} - E(x_i-\bar{x})^2$$

がえられる．実際には標本集団の数 $N$ は，一般に同数の $n$ 組でよいので，$N=n$ とできるから，

$$E(s^2) = \sigma^2 - \frac{\sigma^2}{n}$$

したがって

$$E(s^2) = \frac{n-1}{n}\sigma^2 \tag{3.15}$$

となる．この式から，実際の応用に当たっては，

$$\bar{\sigma}^2 = \frac{1}{n-1}\sum_{i=1}^{n}(x_i-\bar{x})^2 \tag{3.16}$$

ととって計算する方が，より妥当な結果を与えることがわかる．この $\bar{\sigma}^2$ は不偏分散とよばれる．$\sigma^2$ はしばしば母分散ともいわれる．

測定や観測は，その作業に当たる者がいて初めてなされ，個々のデータがえられるのであるから，この作業に伴って生じる誤差は人為的なものである．そ

### コラム 6

### 乱流における速度の変動特性

流体運動にみられる乱れ，いい換えれば，乱流における速度変動の特性，特にこの変動分の大きさの分布について，統計的に調べてみると，図 A.7 に示すような結果となる．この図の右側に，実際に観察された速度変動のパターンが示されている．この変動分が，速度の平均値のまわりに，どのような分布を示すかをみると，この図の左側のグラフのようになっている．

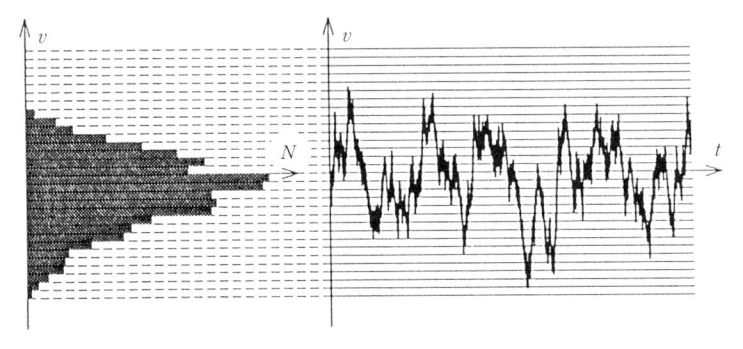

図 A.7 乱流における速度変動成分の平均値周囲の分布
正規分布に近似できるものとなっている．

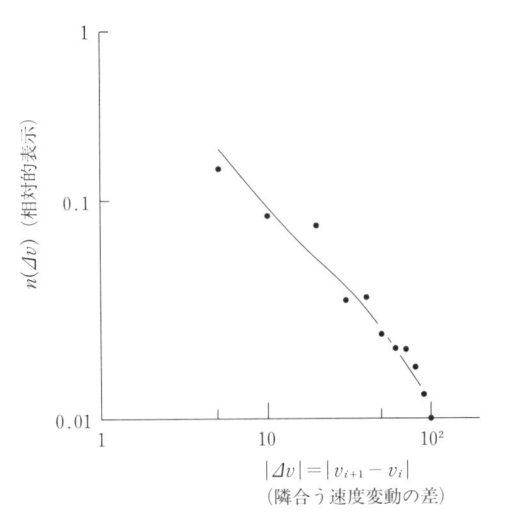

図 A.8 速度変動幅の大きさとその発生頻度
フラクタル型となっている．

> この速度の変動分の分布は，この図からわかるように，正規分布で近似できるものとなっている．平均の速度に対して，ほぼ対称的にベル型になっている．この図の右側の変動パターンをみただけでは，このような分布に速度の変動分がしたがっているとは，全然予想できない．
> 
> 　図 A.7 の右側に示した速度変動のパターンについて，隣接した速度変動の差の絶対値 ($|\Delta v|$) とこの絶対値に対応する変動分の事例数 ($n$) との間の関係を調べてみると，図 A.8 に示すようになっている．数式で表すと，
> $$n \propto |\Delta v|^{-\alpha} \quad (\alpha \approx 1)$$
> のようになり，速度の変動分が，フラクタル的に分布しており，そのフラクタル次元が $\alpha (\approx 1)$ となっていることがわかる．
> 
> 　乱流にみられる速度変動の特性が，カオス的な性質をもつことについては，水道栓の蛇口から噴出される水流のパターンなどの観測から，既に明らかにされている．図 A.8 に示したように，そのカオス的な性質の中にフラクタル的な特性が含まれているのである．

の誤差の確率分布がガウス分布となっていて，自然界にみられるいろいろな現象に含まれる物理量の変動幅にみられる確率分布と，平均値や分散にちがいはあるものの，同じ数学的な表現形式となっているのが，面白く感じられる．気体運動論において導かれたマクスウェル-ボルツマンの速度分布則も，拡散過程における粒子などの空間分布の時間変化パターンも，正規分布の形をとっている．人為的な関わりから生じるゆらぎも，自然界の現象に伴って生じるゆらぎも，ガウス分布になることが本質的なことなのかもしれない．

## 3.2　測定過程と誤差法則

　何かある研究テーマが設定できるためには，その研究に当たってどんな対象に対し，どのようなデータが測定や観測によってえられればよいかが，必然的に決まってくる．また，そのための実験条件なども定まるので，実験に必要な道具立ても決まる．その際，私たちの側にしっかりした見通しや見込みが立てられるだけの研究テーマに対するきちんとした評価ができていなければならない．こうなって初めて，どんな物理量についてデータがとれればよいかが明確となる．

　測定や観測によりデータをとるには，こちら側に，それらを必要とする理由がなければならない．研究を始めるに当たって，私たちが持たなければならな

いのは研究をすすめる手順，いい換えれば，作業仮説とそれに基づいた見通しである．測定あるいは観測によりえられたデータがどれほどの精度なのか，または誤差がいかほどかの見積もりは，こんなわけで一連の研究の過程で生じてくることで，これらが研究の目的なのではない．

測定や観測の過程において，必然的にでてくる誤差に関わることがらは，研究の上では，いわば副次的なものであることを，私たちは忘れてはならない．だが実際には誤差の問題は研究結果に対する信頼の度合に関わるので，十分注意することが必要なのである．ここでは，誤差に関わったことがらの取り扱いについて，いくつかの実例をとりあげながら考察することにする．

### ▶ 測定過程に関わる誤差

どのような測定にあっても，100パーセント完全だといえるような結果はえられない．くり返して測定する場合でも，全く同じといえる測定結果はえられない．この事情は何かある対象について観測する場合でも同様である．測定にも，観測にも，何らかの誤差の発生が常に予想されるし，これらの誤差には，全然予想しない部分が常に含まれている．偶然入り込む誤差は常に存在するし，実験や観測の条件にも，こうした偶然的な誤差がやはり生じる．

十分に整えられた条件下でも，測定や観測に従事するのは人間であり，人の手を借りずに自動的に処理される場合でも，いろいろな偶然的な誤差の発生をさけるわけにはいかない．誤差にはこのように偶然が介在する場合が多いが，測定や観測に利用する道具その他から生じる系統的な誤差もある．実験などにたずさわる人間自身による人為的といってよい誤差もある．

このようなわけで，ある自然現象について，測定や観測の対象となったことがらの正しい値，つまり，真値を私たちが測定や観測の過程を通じてえることは，まず不可能である．したがって，私たちは真値に近いか，そうと考えてよい数値，つまり最も確かといえる値，最確値を求めることになる．測定や観測を通じてえられたこの値を用いて，測定や観測を通じてえられた誤差を見積もった上で，理論的な枠組みを構成したり，対象とした現象の成り立ちについて説明を試みることになる．測定や観測の対象としたことがらについて，くり返しなされた測定や観測の結果から平均値を求め，これを最確値としたとき，その誤差の見積もりを行い，最確値の信頼度がどれほどかを推定することにな

る．このときの誤差の見積もりが，標準偏差の計算であり，これから最確値の信頼限界が決まることになる．

　最小2乗法については既にふれたが，この計算法から導かれる誤差法則がいわゆるガウス分布で，その誤差の限界は標準偏差で与えられる．ガウスは実際に，この方法を小惑星パラスの軌道要素の推定に応用して，その再発見に対し大きな貢献をした．非ユークリッド幾何学が現実の空間において成り立つかどうかを検証するために，彼は図3.3に示すようなドイツにある3つの山ブロッケン，ホーエル・ハーゲン，インゼルスベルグが形作る大三角形の内角の和について，精密測定を行い，えられた結果を分析し，現実の空間が，非ユークリッド的なものだと断定できないと結論している．

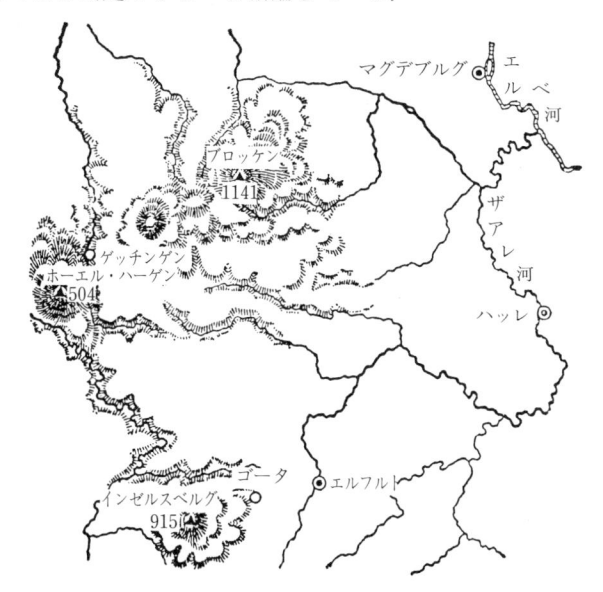

**図3.3** ガウスが三角形の内角の和について測定し，空間の曲率を求めるのに利用した3つの山の地理的配置

　ガウスが展開した非ユークリッド幾何学によれば，三角形の内角の和 $S$ は，

$$S = 180° + \int K dA \tag{3.17}$$

と与えられる．この式で，$K$ は空間の曲率であり，積分領域は三角形の面積である．ユークリッド空間の場合には，当然のことだが，$K = 0$ また，リーマ

ン空間では $K>0$, ボリヤイ空間では $K<0$ である.したがって,三角形の内角の和を詳しく測定すれば,現実の空間がどんな性質をもつかがわかるはずである.

今,三角形の3つの角をそれぞれ $x$, $y$, $z$ ととり,角 $x$ について $m_1$ 回測定してえられた平均値を $\alpha$,角 $y$ について $m_2$ 回測定してえられた平均値を $\beta$,角 $z$ を $m_3$ 回測定してえた平均値を $\gamma$ とする.このとき,3つの角の最確値は,次のような方法で求められる.$x=\alpha$ が $m_1$ 個,$y=\beta$ が $m_2$ 個,$z=180°+\int KdA-(x+y)=\gamma$ が $m_3$ 個だから,合わせて $(m_1+m_2+m_3)$ 個の測定結果に基づく方程式がえられる.このときの $x$, $y$ の最確値は

$$f(x,y)=m_1(x-\alpha)^2+m_2(y-\beta)^2$$
$$+m_3\Bigl(x+y+\gamma-180°-\int KdA\Bigr)^2 \tag{3.18}$$

を極小とすることから求められるから,そのためには,上式を $x, y$ についてそれぞれ微分して0とおいてえられる.

$$\frac{\partial f(x,y)}{\partial x}=2\Bigl\{m_1(x-\alpha)+m_3\Bigl(x+y+\gamma-180°-\int KdA\Bigr)\Bigr\}=0$$

$$\frac{\partial f(x,y)}{\partial y}=2\Bigl\{m_2(y-\beta)+m_3\Bigl(x+y+\gamma-180°-\int KdA\Bigr)\Bigr\}=0$$

これから

$$m_1(x-\alpha)=m_2(y-\beta)=m_3(z-\gamma) \quad (=k) \tag{3.19}$$

となるから,$k$ を定数とすると,

$$x-\alpha=\frac{k}{m_1}, \quad y-\beta=\frac{k}{m_2}, \quad z-\gamma=\frac{k}{m_3}$$

となる.これら3式を辺ごとに加えると

$$k\Bigl(\frac{1}{m_1}+\frac{1}{m_2}+\frac{1}{m_3}\Bigr)=180°+\int KdA-(\alpha+\beta+\gamma) \tag{3.20}$$

がえられ,これから $k$ の値が求まる.したがって

$$\left.\begin{aligned}x&=\alpha+\Bigl\{180°+\int KdA-(\alpha+\beta+\gamma)\Bigr\}\frac{m_2m_3}{m_1m_2+m_2m_3+m_3m_1}\\ y&=\beta+\Bigl\{180°+\int KdA-(\alpha+\beta+\gamma)\Bigr\}\frac{m_1m_3}{m_1m_2+m_2m_3+m_3m_1}\\ z&=\gamma+\Bigl\{180°+\int KdA-(\alpha+\beta+\gamma)\Bigr\}\frac{m_1m_2}{m_1m_2+m_2m_3+m_3m_1}\end{aligned}\right\} \tag{3.21}$$

の3式が $x, y, z$ の最確値をそれぞれ与えることになる．

平均値，$\alpha, \beta, \gamma$ は，例えば $\alpha$ についてみると
$$\alpha = \frac{1}{m_1} \sum_{i=1}^{m_1} \alpha_i$$
であり，分散 $\sigma_\alpha{}^2$ は
$$\sigma_\alpha{}^2 = \frac{1}{m_1} \sum_{i=1}^{m_1} (\alpha_i - \alpha)^2 = \frac{1}{m_1} \sum_{i=1}^{m_1} \delta_i{}^2$$
ととれる．ただし，誤差 $\delta_i$ は $\delta_i = \alpha_i - \alpha$ で与えられる．誤差の精度が，$\beta$, $\gamma$ についても同じと考えて扱ってよければ ($\sigma_\alpha = \sigma_\beta = \sigma_\gamma$)，誤差の分布はそれぞれ

$$f(x) = \frac{1}{\sqrt{2\pi}\sigma_\alpha} \exp\left(-\frac{(x-\alpha)^2}{2\sigma_\alpha{}^2}\right)$$

$$f(y) = \frac{1}{\sqrt{2\pi}\sigma_\beta} \exp\left(-\frac{(y-\beta)^2}{2\sigma_\beta{}^2}\right)$$

$$f(z) = \frac{1}{\sqrt{2\pi}\sigma_\gamma} \exp\left(-\frac{(z-\gamma)^2}{2\sigma_\gamma{}^2}\right)$$

となるが，今仮定したことから，これらの誤差分布曲線は平均値のまわりに全く同じとなる．空間が非ユークリッド的になっているかどうかは，積分 $\int K dA$ の寄与が，角の大きさにどれほど効いているかによって決まる．だが，ガウスの側定結果によると，測定誤差，つまり式(3.21)の3式の右辺第2項の大きさが，それぞれ

ブロッケンからの角に対し $\quad -4''.95104$
ホーエル・ハーゲンからの角に対し $\quad -4''.95113$
インゼルスベルグからの角に対し $\quad -4''.95131$

で，測定誤差の範囲内に収まるものであった．この結果に基づいてガウスは空間が非ユークリッド型に実際になっているとの結論を保留したのであった．

空間が実際に非ユークリッド型になっているとの要請は，アインシュタインが，一般相対性理論を1916年に建設したことからなされ，その応用の一例として，光の重力場による屈曲を予言したのであった．リーマン幾何学では，空間の曲率 $K$ が正 ($K > 0$) なので，ガウスが測定した三角形の内角の和は，

$180° + \int KdA(>0)$ と $180°$ より大きくなる.

重力場による光の行路の屈曲については，1919年5月29日に起こった皆既日食時における背景の星の位置の観測結果の解析からその存在が実証され，アインシュタインの予言が正しいことが示された．イギリス王立天文学会が組織した2つの観測隊が，ブラジル北部のソブラル (Sobral) と，西アフリカ，ギニア湾内のプリンチペ島 (Préncipe) にそれぞれ送られて先の日食を観測したのであった．アインシュタインの理論からの予測と，観測結果との差は，図3.4に示すように系統的にずれている．星野について半年ずらして撮影した個々の星の位置と皆既日食時の位置とは，図3.5からも明らかなように，系統的にずれている．こうした系統誤差を補正した上で，2つの観測隊がえたデータの解析結果は

　　　　ソブラルにおける屈曲　　$1.98'' \pm 0.18''$
　　　　プリンチペにおける屈曲　$1.61'' \pm 0.45''$

であった．アインシュタインの理論による光の屈曲は $1.77''$ であったからよい一致を示しているといえよう．

しかしながら上記の解析結果については，発表された当時から批判と疑問が提出されており，現在でもすべての人が納得しているというわけではない．測定過程に対する信頼度だけでなく，測定結果の捏造まで疑われたのであった．

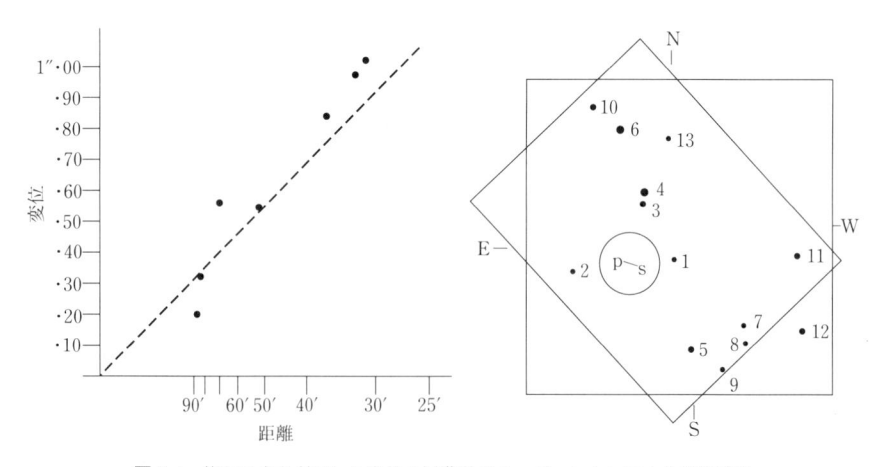

**図3.4** 皆既日食を利用した光線の屈曲効果のエディントンによる測定結果

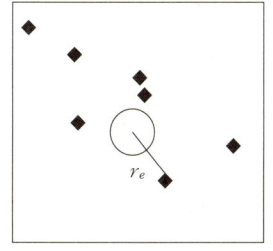

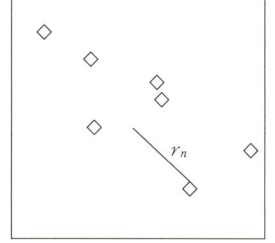

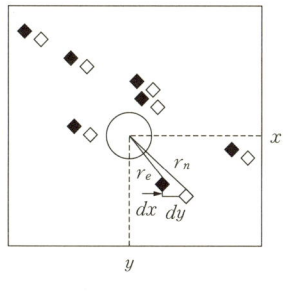

**図 3.5** 日食時の写真乾板および半年後の夜間撮影による乾板に映った星野の比較（エディントンの測定結果）

現在では，高エネルギー粒子加速器を利用した素粒子反応の実験計画とその実施は理論からの要請なしにはほとんど不可能となっている．弱い相互作用とよばれる力の働きを媒介する素粒子，$W^+$，$W^-$，$Z^0$ が発見されるには，この相互作用の理論からの推論がなければならなかった．数年前に発見されたトップ・クォークの場合でも，事情は似ている．必要なデータをとりだすには，理論に基づいた予測を検証しうるだけの実験装置を建設しなければならないのである．

現代は，測定過程について，また，それに関わって生じる多様な誤差について，大変大がかりな作業を必要とする時代となってしまっているのである．

#### ▷ 平均操作と誤差

測定や観測は何回かくり返して行い，えられた個々の測定値または，観測値を集計して平均値を求め，それを真値の代わりとして利用する．理論的な説明や解決は，この平均値を信頼しうる代表値として扱ってなされるのだが，これらの平均値には有効数字を何桁とるかによる誤差と，平均値を求める際に考慮せねばならない分散または標準偏差という信頼度に対する制限がある．

先にみた三角形の3つの内角の測定過程では，それぞれの内角について異なった回数の測定がなされている．$m_1$，$m_2$，$m_3$ の回数は重みとよばれる．最小2乗法によれば，測定値と求めるべき値，いい換えれば，最確値との差，つまり，誤差と測定における重みをそれぞれ，$\delta_i (= x_i - \bar{x})$，$m_i (i = 1, 2, \cdots, n)$ としたとき，次の式

$$\sum_{i=1}^{n} m_i \delta_i{}^2 = m_1 \delta_1{}^2 + m_2 \delta_2{}^2 + \cdots + m_n \delta_n{}^2 \tag{3.22}$$

を最小にする値 $x$ を求めればよい．また，誤差法則によれば

$$\prod_{i=1}^{n} f(x_i) = \frac{1}{(2\pi)^{n/2} \prod_{i=1}^{n} \sigma_i} \exp\left(-\frac{1}{2} \sum_{i=1}^{n} \frac{\delta_i{}^2}{\sigma_1{}^2}\right) \tag{3.23}$$

を最小にする値 $x$ を求めることになるから，式(3.23)より

$$\sum_{i=1}^{n} \frac{\delta_i{}^2}{\sigma_i{}^2} = \frac{\delta_1{}^2}{\sigma_1{}^2} + \frac{\delta_2{}^2}{\sigma_2{}^2} + \cdots + \frac{\delta_n{}^2}{\sigma_n{}^2} \tag{3.24}$$

を最小にする値 $x$ を求めることに当たることがわかる．したがって

$$m_i = \frac{1}{\sigma_i{}^2} \tag{3.25}$$

となる．

$n$ 回の測定，または観測によってえられた $n$ 個の測定値または，観測値から成るひとつのデータ集団を $n$ 組作って分散を求めると，前章でのべたように

$$\sigma = \sqrt{\frac{1}{n-1} \sum_{i=1}^{n} (x_i - \bar{x})^2} \tag{3.26}$$

となる．この分散は不偏分散とよばれ，ひとつの組に対する標本分散に比べて信頼度がより高くなっている．

今までみてきたことから予想されるように，最確値は必ずしも真値とは一致しない．しかしながら，真値は最確値からある誤差の範囲内に収まっている．そうであるから，私たちは測定や観側から導かれた平均値を用いて，理論を構築したり，平均値の精度などについて論じたりできることになるのである．この点では，決定論的な立場に立っているのである．平均操作が一義的なものであるという信念が，こちらにあるからこそ，データ集団の統計的処理という行き方ができるというわけである．カオスとよばれる現象が，決定論的な方程式である微分方程式の解の時間発展の中にみられることが発見されてから，この一義性が破れる場合のあることがわかってきた．

---コラム 7---

**ポアンカレと三体問題**

　太陽系の惑星たちは，相互に万有引力の作用を及ぼし合いながら運動している．その結果，どの惑星も単純なケプラー運動をしているわけではない．ケプラー運動とは，ケプラーが見出したいわゆるケプラーの 3 法則にしたがっている惑星の公転運動のことである．ここで，この 3 法則について復習すると，公転運動は楕円の軌道となっており，楕円の焦点のひとつに太陽が位置している．次いで，この焦点と惑星との結ぶ線分（動径という）が，単位時間に掃引する面積の大きさは，常に一定となっている．3 つ目の法則は，公転周期の 2 乗がこの楕円の長径の 3 乗に比例することを示す．

　ポアンカレは，万有引力の作用の下における天体運動を研究する天体力学とよばれる学問を集大成し，『天体力学の新しい方法』と題する大著を公刊しているが，3 個の天体運動を扱ういわゆる三体問題についても，詳しく研究している．

　二体問題は厳密に解くことができるのに，三体問題については，特殊な場合を除いて，厳密解がえられないだけでなく，問題によっては，天体のひとつが奇妙な運動をする場合のあることが，ポアンカレによって初めて指摘された．これが後に，カオスとよばれるようになった現象である．

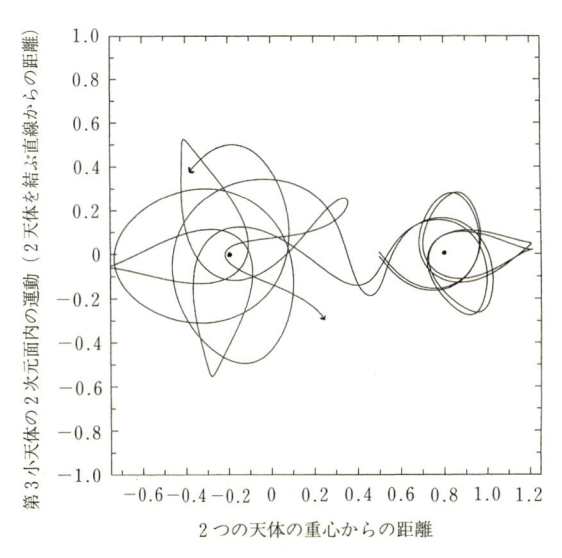

**図 A.9**　天体力学上の三体問題における 3 天体のカオス的な運動パターン（一例）（ポアンカレによる）

三体問題について，2つの天体の質量を同じにとり，第3の天体のそれを前二者に比べてごく小さくとって，この第3の天体がどのように運動するかについて，ポアンカレは調べてみた．相対的に質量の大きな2つの天体は，第3の天体にほとんど影響されず，互いに追いかけるように円運動を行う．その運動の中で，第3の天体はこれら2つの天体の万有引力の作用を受けながら運動する．今ここで，最初の2つの天体を結ぶ直線が固定されてみえる座標系に立って，この第3の天体の運動の軌道を追跡してみると，例えば図A.9に示すようになる．

　この図で，2つの黒丸が，質量の大きな2つの天体を表し，これら両天体の周囲を複雑な軌道を描いて運動しているのが，第3の天体である．出発点がごくわずかにちがっているだけなのに，矢印で示されているように，ある時間が経った後には，ずい分と大きく互いに遠去かってしまう．出発点のちがいが極めて小さいときには，このちがいはある程度の長さの時間が経過した後には，収束してしまい，この図A.9に示されているような大きな差異は現れないものと，長い間にわたって想定されてきた．

　現在では，カオスとよばれる現象は，自然界の中にありふれたものであることがわかっている．流体運動における乱れ，太陽活動の変動パターン，私たちの心臓の鼓動などがその例である．

## ▷ 誤差法則の客観性

　最小2乗法により求められる最確値は，測定や観測からえられたデータについての平均値を与える．また，その誤差の広がりは，標準偏差で与えられることも，最小2乗法の応用からわかる．このことは，ある値（これが真値に当たる）の周囲のごく狭い範囲にランダムに広がる測定値，あるいは観測値は，それぞれ誤差を含んでおり，この数値の分布が誤差法則にしたがっていること，つまりガウス分布となっていることを示している．測定や観測は，人間が介在している過程であるから，これらの誤差は人為的に生じるものなのに，自然現象にみられるガウス分布となっており，偏差や標準偏差については，その大きさがちがうものの同じ数学的な表現で与えられる．この事実は，誤差法則が人為的な操作とは実際には関わりのない客観的なものであることを示しているのである．

　人為的に生じる誤差には個人差による系統誤差があるが，誤差の広がりについては，誤差法則がこの系統的な差を考慮すれば成り立つ．したがって，自然

現象と人間が関わる測定過程との間には，ランダムな過程が介在するとき，誤差法則が成り立つのである．

人間が関与する測定や観測の過程も，必然的に一連のランダムな測定値や観測値の数列から成るデータ集団を与えるので，統計学的には，ランダムな自然現象と同様の分布，つまり，ガウス分布にこの集団はしたがうことになる．

## 3.3 マクスウェルの魔

今から50年余り前の1944年に，量子力学の建設に本質的な役割を果たしたシュレディンガーは，『生命とは何か？』(What is Life?) と題した小さな本を出版した．この本は後に分子生物学とよばれる学問の成立に大きく貢献することになるのだが，ここでこの本にふれたのは，ミクロな世界で重要な役割を演ずると考えて，マクスウェルがその存在を想定した存在（being）に関わるからである．この存在は後に"マクスウェルの知的な魔"または単に，"マクスウェルの魔"として，熱力学の第2法則との関わりで必ずでてくることになったものである．

先の本の中で，シュレディンガーは，原子の小ささにふれながら，その理由を問う代わりに，人間がなぜ，これほど大きいのかについて疑問を発し，生命現象の存在理由をたずねたのであった．マクスウェルの魔も，仮想の存在ではあっても，個体として生命をもち，私たちとよく似た行動を示す．自分の周囲で起こっている現象を観測するのだが，それがミクロの世界であることが，私たちと異なる．この魔自体が，気体分子のようなミクロな対象を観測するのであるから，その大きさについても私たちとは本質的に異なる．私たちには，肉眼で1個の原子や分子をみることができないが，その理由はこれが私たちの眼という感覚器官に，エネルギー的にみて捕えられるだけの作用を及ぼさないからである．

マクスウェルの魔が，彼が想定したように，分子1個の運動を観測しうる存在だとしたら，この魔はこの運動と作用したとき，つまり，観測したとき，何らかの反作用を受けるはずで，それが観測という行為につながることになる．したがって，この魔は分子や原子のレベルのミクロな生き物でなければならない．だとしたら，この魔が，多数の分子がつめられた容器中に入れられたとき，これらの分子によってはねとばされるこになり，この魔自身がランダムな

運動を強制されることになろう．その結果，マクスウェルが想定したこの魔は，彼が考えたようには働かず，熱力学の第2法則に抗う働きをする存在とはなりえない存在となる．

熱力学の第2法則は，熱現象に関わる自然現象の時間的発展がすべて，非可逆的に起こることを示しているが，このような現象は他方ですべてが無限と仮定してよいような多数の原子や分子から成っている．このことは，マクロな熱現象が，非可逆的にすすむことをいっているのだと考えてよい．このような点を考慮しながら，マクスウェルの魔と熱力学的な現象との関係について，この節では考察することにする．

### ▶ マクスウェルの描像

マクスウェルが存在を要請した魔（demon）は"知的"で，気体分子運動論における気体分子の速度を個々の分子について測定し，識別する能力を備えている．しがって図3.6(a)に示すような，気体分子がつまった容器の中にいるとき，この魔は個々の分子の速度を測定することができる．熱平衡の状態にこの気体がなっていたとすると，速度はマクスウェル-ボルツマン分布にしたがっているはずであるから，この魔は分子の速度を個々に測定することにより，この分布を確かめることができる．

そこで，図3.6(b)のように，容器の真中のところに仕切り板を入れて，A，Bで示した2つの部分に分け，この板の真中に小さな穴をあける．熱平衡の状態は，仕切り板によって乱されることはないので，A，Bどちらの部分の

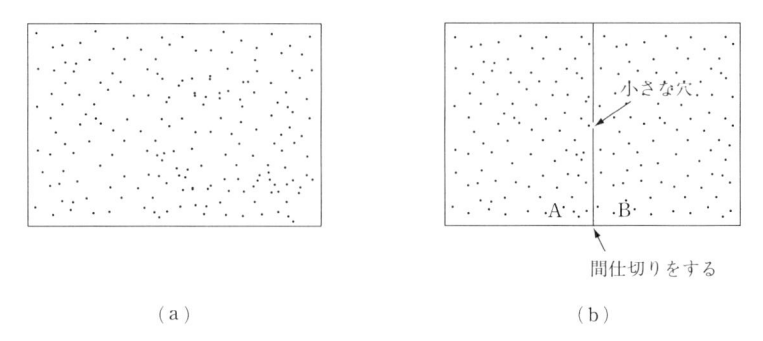

(a) (b)

図3.6 容器中の気体分子の分布(a)，容器を間仕切りし，板に小さな穴をあけ，気体分子の運動をみる(b)

気体も，マクスウェル-ボルツマン分布にしたがっているし，分子数もほぼ同じに分けられているであろう．このようにいうのは，容器内で気体の分布がゆらいでいるためである．

ここで，AかBのどちらかに，マクスウェルの魔が入っていて，穴の近くに陣取り，そこへやってきた気体分子の速度を測り，ある速度より大きいものはAからBへ，逆に小さいものはBからAにと送りこむとする．すると，時間の経過とともに，Bの部分の気体は，温度が以前より高くなってゆくし，Aの部分の気体は逆に温度が下がってゆくことになる．

マクスウェルは，1871年に出版した著書『Theory of Heat』の中で，この魔の働きについて，次のようにのべている．「熱力学の第2法則の限界」と題した節の冒頭で，「結論する前に，考察に値する分子論的観点に直接注意を喚起したい」といったあと，以下に示すような文が続く．

「熱力学で最もよく確立された事実のひとつは，容積の変化や熱の移動を許さない壁で囲まれていて，温度と圧力がどこでも同じになっている系では，外部から仕事をすることなく，温度か圧力に何か相異を生じさせることは不可能である．これが熱力学の第2法則で，質量だけでこの系を扱うことができる限りで，また，系を構成する個々の分子を感覚的に捕えたり，扱ったりする力を持たないときでは常に，疑問の余地なく正しい．だが，その能力が非常に鋭く，個々の分子の運動を追っかけることができる存在（being）を考えるならば，そのもつ性質が私たちのように実際上有限なこの存在は，私たちに現在不可能なことをすることができよう．理由は，一様な温度の大気で一杯な容器の中の分子群が，任意に選んだとして，大多数の分子の平均速度は，ほぼ正確に一様だが，決して一様とはいえない速度で運動していることをみているからである．ここで，このような容器を2つの部分AとBに分け，その仕切り板には小さな穴があけてあるとし，個々の分子を見ることができるこの存在は，より速い分子だけがAからBに行けるように，また，より遅い分子だけがBからAへ通れるようにこの穴を開けたり閉じたりすると想定しよう．この存在は，仕事をすることなしに，熱力学の第2法則に矛盾して，Bの温度を上げ，Aの温度を下げることになろう．

これが，巨大な数の分子から成る系についての経験から，私たちがひきだした結論が，大質量の場合だけをとりあげる際に，個々の分子を知覚しとり扱う

ことのできる存在により想定できるより繊細な観察や実験に応用できないことがわかる例の唯ひとつのものなのである．

　私たちは個々の分子を知覚しないが，物質の集団を扱うに当たって，計算の統計的な方法として記述したものを採用し，計算により個々の運動を追っかける厳密な運動学的方法を棄てるよう強制されるのである」

　文章はさらに続くが，マクスウェルのいう存在（being）は何ら仕事をすることなく分子の速度について観測（測定というか）し，識別しているというのである．この存在が，いわゆるマクスウェルの魔である．この魔は気体中にあって，気体分子と熱平衡の状態にあるから，もしミクロな存在ならば，それ自体がブラウン運動をしてしまうので，気体分子の速度の測定などできないはずである．また，気体の温度が $T$ だったとすると，この温度の熱放射に曝されるので，その放射とゆらぎは感じても，気体分子をみることはできないであろう．この魔が逆に，マクロな存在だとすると，私たちに個々の原子や分子が見えないのと同じように，この存在には気体分子1個を見ることはできないであろう．

　マクスウェルの魔は気体分子と熱平衡の状態にあるとすると，温度 $T$ の状態にあることになるが，温度でもゆらいでいるので，例えば，時にわずかな温度変化 $\Delta T$ をうることがあるであろう．このとき

$$T_B > T_A \quad \text{で} \quad T_B - T_A = \Delta T$$

であるから

$$T_B = T + \frac{1}{2}\Delta T, \qquad T_A = T - \frac{1}{2}\Delta T \tag{3.27}$$

ととれる．この魔は，ここで，A 内にある運動エネルギー $3kT(1+\varepsilon_1)/2$ をもつ速い分子をとりだし，B へと送り込む．また，運動エネルギー $3kT(1-\varepsilon_2)/2$ をもった B 内の遅い分子をみつけて，A の中へと送り込む．これらの分子を選びだすには測定が必要で，光で行うとすると2個の光子を使わなければならない．すると，光子のエネルギーを $hf$ として，エントロピーの増加 $\Delta S_m$ は

$$\Delta S_m = \frac{2hf}{T} \tag{3.28}$$

で与えられる．光子に対しては，$hf/kT > 1$ の関係が成り立っている．

分子を交換した結果，エネルギー

$$\Delta W = \frac{3}{2}kT(\varepsilon_1 + \varepsilon_2) \tag{3.29}$$

が，AからBへ移ったことになる．このことは式(3.27)から，エントロピーは，

$$\Delta S_k = \Delta W\left(\frac{1}{T_B} - \frac{1}{T_A}\right) = -\Delta W\frac{\Delta T}{T^2}$$
$$= -\frac{3}{2}k(\varepsilon_1 + \varepsilon_2)\frac{\Delta T}{T} \tag{3.30}$$

だけ減少したことを意味する．$\varepsilon_1, \varepsilon_2$ はともに小さな量であるし，$\Delta T \ll T$ であるから，上のような過程に伴うエントロピーの変化 $\Delta S$ は

$$\Delta S = \Delta S_m + \Delta S_k = \frac{1}{T}\left\{2hf - \frac{3}{2}k(\varepsilon_1 + \varepsilon_2)\Delta T\right\} \tag{3.31}$$

となる．$hf > kT > 3k(\varepsilon_1 + \varepsilon_2)\Delta T/2$ と考えてよいから，$\Delta S > 0$．したがって，カルノーの原理が成り立っていることがわかる．この結果は，ただで物をえようとしても無理で，測定も例外とはなりえないことを示している．

　ここでのべたことから，マクスウェルが要請した魔は，存在しえないことが明らかである．したがって，熱力学の第2法則を破るような魔は存在しないのである．シュレディンガーは，先に引用した書物の中で，生命は負のエントロピーをとり入れる存在であるといっているが，全体としては，エントロピーは増加しており，熱力学の第2法則に反する存在ではない．生命とはふしぎな現象で，酵素が介在するある種の化学反応では，明らかな選択性があり，マクスウェルの魔のような何かが存在していて，このような性質を導いているのかもしれない．可能な世界を現実の世界とする働きが生命現象だといってよいが，この働きをもたらすのがエネルギーの流れの場で，そこではエントロピーは増加している．いい換えれば，熱力学の第2法則は破られていないのである．

### ▷ 統計的な釣り合いの概念

　熱平衡の状態にない系では，この状態に向けて状態量が変化していく．その際，エントロピーは常に増加していく．熱平衡の状態は，したがって系としてはエントロピー最大の状態だということになる．
　マクスウェルが想定した，先にみたような容器中の気体分子は，容器が周囲

と断熱状態に保持されていれば,熱平衡の状態にある.その時気体分子の速度はマクスウェル-ボルツマン分布にしたがう.1.2節でみたように,この分布は,平均速度 $v_m(=\sqrt{\overline{v^2}})$ に対して

$$f(v) = n\left(\frac{m\beta}{2\pi}\right)^{3/2} \exp\left(-\frac{1}{2}\beta m(v-v_m)^2\right) \tag{3.32}$$

と与えられる.この式で,$n$ は単位体積中の気体分子密度,$m$ は分子質量,$\beta = 1/kT$ である.この気体の温度は $T$ で,分子運動のゆらぎの大きさは $(kT/m)^{1/2}$ である.

平均速度 $v_m = \sqrt{\overline{v^2}}$ に対しては運動エネルギーの等分配則

$$\frac{1}{2}m\overline{v^2} = \frac{3}{2}kT \tag{3.33}$$

が成り立っているから,ゆらぎの大きさは,3という因数を除けば,平均速度の大きさほどの範囲に当たる.したがって,気体分子の大部分(~68%)が,この範囲に収まる.

式(3.32)の分布は,正規分布,いい換えればガウス分布になっている.このことは,気体分子の熱運動が標準偏差についてみると,$\sigma_x = \sigma_y = \sigma_z = (kT/m)^{1/2}$ で与えられる広がりの中に3軸方向のおのおのの大部分が収まっていることを示している.図3.6(a)に示した容器内の気体分子は,実はマクスウェル-ボルツマンの速度分布則にしたがっている.これらの気体分子の中で,速度の大きい側の分子群を図3.6(b)ではBに,速度の遅い側の分子群をAにマクスウェルの魔は振り分けようとしたのである.ところが,前節でみたように,この魔にはそのような力(power)はない.

ここで,統計的な釣り合いのひとつの例として,電離平衡にある系をとりあげてみよう.

例えば,太陽や星々の大気はイオン化されている.イオン化された原子は,自由電子と再び結合して元の状態に戻るが,一般的にはイオン化と再結合の両過程が釣り合って平衡の状態にあると予想される.このような状態は電離平衡の状態にあるとよばれる.

今,ある原子をAととって,これが1価電離した状態と釣り合っているとする.この1価電離した状態を $A^+$ と表したとき,自由電子をeとおくと,電離平衡の状態は次のように表せる.

## 3.3 マクスウェルの魔

$$A \rightleftarrows A^+ + e \tag{3.34}$$

このような表示は，2つの矢印の向きで表せる反応が，同じ割合で起こって，釣り合っていることを示す．原子と1価電離のイオンの数密度をそれぞれ $N$，$N^+$，電子の数密度を $N_e$ としたとき，電離平衡の定数を $K$ ととると，次式が成り立つ．

$$\frac{N^+ N_e}{N} = K \tag{3.35}$$

この $K$ は，温度 $T$ のみによって決まる関数である．

原子のイオン化ポテンシャルを $\chi_1$ ととると，上式の右辺は，$N$，$N^+$，$N_e$ の統計的重みを $q$，$q^+$，$q_e$ とおくと，

$$\frac{N^+ N_e}{N} = \frac{q^+ q_e}{q} \left(\frac{2\pi m kT}{h^2}\right)^{3/2} \exp(-\chi_1/kT) \tag{3.36}$$

この式で，$m$ は電子の質量で，スピンを考慮すると，$q_e = 2$ である．この式はサハ（M. Saha）によって，1921年に初めて導かれたので，サハの電離式とよばれる．

この電離式から，酸素のように多数の電子をもつ原子が，例えば，5価電離している場合には，その状態密度を $N^{5+}$，統計的重みを $q^{5+}$ とすると

$$\frac{N^{5+} N_e}{N} = \frac{N^{5+}}{N^{4+}} \frac{N^{4+}}{N^{3+}} \frac{N^{3+}}{N^{2+}} \frac{N^{2+}}{N^+} \frac{N^+}{N} \cdot N_e$$

$$= \frac{q^{5+} q_e}{q} \left(\frac{2\pi m kT}{h^2}\right)^{3/2} \exp(-\chi_5/kT) \tag{3.37}$$

となり，5価イオンが電離平衡にあるときの式が導ける．ただし，右辺のイオン化ポテンシャル $\chi_5$ は，5価電離に必要なエネルギーである．したがって，電離平衡にある場合には，いろいろな状態にイオン化された原子の存在比が，上式のような式を用いて求まるのである．

ここで，電子圧 $P_e$ を考慮すると，

$$P_e = N_e kT \tag{3.38}$$

と与えられるから，式(3.36)は次式のように表せる．

$$\frac{N^+ P_e}{N} = \frac{q^+}{q} \cdot 2 \left(\frac{2\pi m}{h^2}\right)^{3/2} (kT)^{5/2} \exp(-\chi_1/kT) \tag{3.39}$$

また，電離度 $x$ は

$$x = \frac{N^+}{N + N^+} \tag{3.40}$$

と定義できるから

$$\frac{N^+ N_e}{N} = \frac{x}{1-x} N_e = \frac{q^+}{q} \cdot 2\left(\frac{2\pi m kT}{h^2}\right)^{3/2} \exp(-\chi_1/kT) \tag{3.41}$$

のように書ける．この電離式は，$\chi_1$ を eV（電子ボルト）で表した上で，対数をとってしばしば表される．電子圧 $P_e$ を用いると上式は

$$\log \frac{x}{1-x} P_e = -\frac{5040}{T}\chi_1 + \frac{5}{2}\log T - 0.48 + \log \frac{2q^+}{q} \tag{3.42}$$

と変形できる．

太陽大気中の Na 原子の電離を，ここでとりあげてみよう．大気温度は，$T = 5780\,\text{K}$，$P_e = 10\,\text{bar}$，$\chi_1 = 5.14\,\text{eV}$，$q = 2$，$q^+ = 1$ であるから，上式(3.42)から

$$\frac{x}{1-x} = \frac{N^+}{N} = 2.45 \times 10^3 \tag{3.43}$$

がえられる．このことは，電離度はほとんど 1 と考えてよいので，Na 原子はほぼ完全に 1 価イオン化されているといってよい．水素原子については，$\chi_1 = 13.59\,\text{eV}$ と非常に大きいので，水素はほとんど電離されていないはずである．

ここで考察したように，イオン化の状態数は，そのイオン化ポテンシャルによって一義的に決まり，その分布は，ボルツマン分布となっている．式(3.36)の右辺は，このことを考慮して導かれたのである．

電離平衡の場合は，式(3.34)の 2 方向の矢印で示される反応の割合がほぼ同じになっていることをいっているのであって，右辺と左辺の間に完全な等式が成り立っているわけではない．平衡の状態のまわりでゆらいでいるのである．熱平衡の場合には，このゆらぎの幅が $(kT/m)^{1/2}$ 程度になっている．また，電離平衡の場合には，式(3.36)からわかるように，ゆらぎの幅が，イオン化ポテンシャルに依存していることがわかる．このように，平衡の状態にあっても熱運動（$kT$ で表される）の大きさに依存してゆらいでいるのである．その上で，このゆらぎ以上にまで変動が大きくなって，平衡の状態がもっとちがったものへと発展していくことはないのである．平衡の状態からずれていく場合は，その系に何らかの作用が，外部から与えられなければならない．

## ▷ 熱力学的な平衡からのずれ

　マクスウェルの魔が，原子や分子のレベルの存在（being）だったとすると，量子力学における不確定性原理によって，気体分子の物理的性質を測定した際に，魔自身がえた情報が失われてしまう．そうして魔自身が気体分子とエネルギー的にみて平衡の状態に達し，個々の気体分子のもつ速度に関する情報をうることはできなくなる．

　マクスウェルが想定したように，この魔が気体分子の速度を測定し，その結果に基づいて，2分した容器AとBに分子群を分離することができるためには，魔はマクロな存在でなければならない．そうすると，既にみたように，熱力学の第2法則に抗う存在に，この魔がなることはできなくなる．この魔に当たる存在として，宇宙線の加速に働く磁気の壁を，ここでとりあげてみよう．これに関係した問題については2.3節でフェルミ過程について考察した折にとり扱ったことがあるので，少しちがった観点から扱ってみよう．

　マクスウェルの魔に代わる存在として，個々の気体分子に比べて，そのエネルギーが無限大と仮定してもよいような"存在"を考える．宇宙線のようにイオン化した原子の場合なら，巨視的な外力として作用する電場をとりあげればよい．運動する磁力線の場合には，この電場はこの運動による誘導電場である．速度がマクスウェル–ボルツマン分布にしたがうプラズマをここでとりあげ，このプラズマに電場が，ある向きに外から掛けられたとしよう．

　プラズマ中のイオンと電子は，この電場の作用により，その場の向きに沿って，反対向きに加速される．しかしながら，これらの間の衝突により，この電場に沿う粒子の運動が定常的になる．この運動が電流を生じる．しかし，マクスウェル–ボルツマン分布の中で，速度の大きい側で，あるエネルギー以上の電子は，図3.7に示したように，なだれ的に加速がすすみ，速度が急速に大きくなる．このあるエネルギーの大きさが加速の閾値となる．

　宇宙線の場合には，加速が起こっている領域中の原子イオンとの相互作用によって，粒子はエネルギーをイオン化などによって失い，あるエネルギー以上の粒子が加速されて，宇宙線となる．この閾値が，インジェクション・エネルギー（臨界加速エネルギー）とよばれる．この加速が2.3節でのべたフェルミ過程のように一種のランダム過程として作用する場合には，加速された粒子の

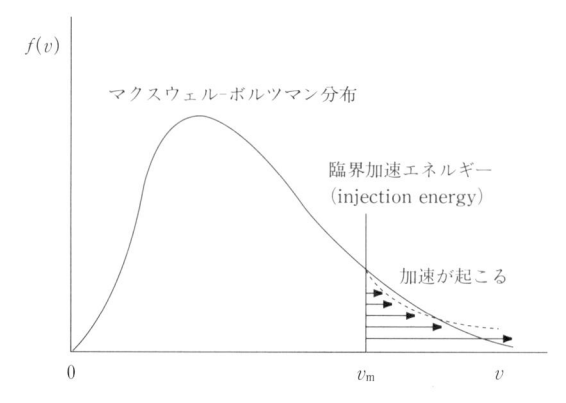

**図 3.7** マクスウェル-ボルツマン分布をしたプラズマの最高速部分の粒子の電場による加速
加速された粒子のエネルギー・スペクトルはエネルギーについてベキ型となる．

エネルギー分布は，エネルギーについて，負のベキ乗となる．

　マクスウェルの魔が，マクスウェルによって想定されたように，熱力学の第2法則に抗うように働く，いい換えれば，エントロピーを減らすように働くとき，個々の気体分子の速さについての情報をつかみとる．このことは，エントロピーの減少，つまり，マイナスのエントロピーは情報を生みだすことを意味する．ここのところに，マクスウェルの魔と情報の創出とのつながりがみられる．マイナスのエントロピーと情報理論における情報が，因果的に関わっているのは，このようなつながりがあるからである．

　先にのべた宇宙線の加速は，熱平衡の状態から外れた粒子群を創出するのだから，加速過程は，マクスウェルの魔と同様の作用をする過程だと考えてよい．自然界には，この場合のように，熱平衡，つまり，熱力学的な釣り合いからずれてゆくような現象はいろいろとみつかる．このような現象は，みかけ上エントロピーの減少を伴うようにみえるが，このことを可能とするエネルギーの補給が，外部からなされなければならない．このような現象がしばしば自己組織化とよばれるのである．

## コラム 8

### 地球史における生物大絶滅の規模とその発生頻度

　地球上に現在存在している生物種の数は，1億を超えるものと見積もられている．地球の進化史の中で，生命の起源はたった1回のできごとだと考えられているので，こうした生命の多様化，つまり，生物種数の増加は，生命にみられる進化の過程から生みだされたということになる．この多様化は，生命の進化が非可逆的に起こることからもたらされるのだが，生命種の絶滅が，図A.10に示したように頻繁に起こっていることからみて，進化の過程に何らかの必然的な理由があったようにはどう考えてもなりえない．

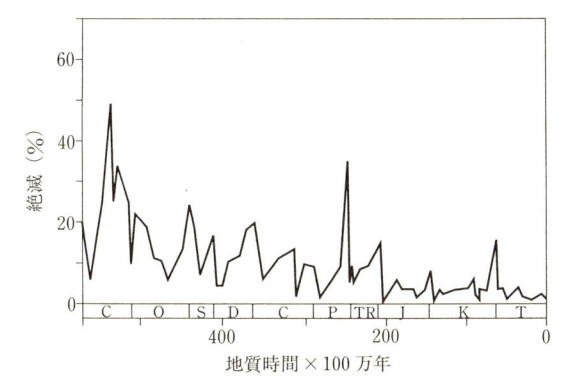

**図A.10** 地質時代を通じた生命の絶滅パターン

　今ここで，この生命種の絶滅の規模とその発生頻度との関係を，上の図に示した結果から調べてみる．絶滅の規模は，縦軸にパーセント表示で表されているから，この大きさを10パーセント（％）刻みの目盛りでとって発生頻度，いい換えれば発生の回数を求めてみる．このようにしてえられた結果は，図A.11に示すようなもので，発生頻度が絶滅の規模に対し，指数関数的に減っていることが明らかである．このことは絶滅の規模がフラクタル構造を示すことを意味している．

　現在では既に確立されたことといってよいのだが，6500万年ほど前に起こった恐竜類の絶滅は，白亜紀と三畳紀の境界を成す地質時代に当たっている．この時代に，大隕石がメキシコのユカタン半島の付け根の付近に落下し，地球の気候に大異変がもたらされたことが明らかにされている．こうした天文現象は，極めてまれなできごとだと予想されるのだが，生命の進化にはこうした外的要因が絡んでいる場合がある．このようないわば予期しえないようなできごとが，地球上

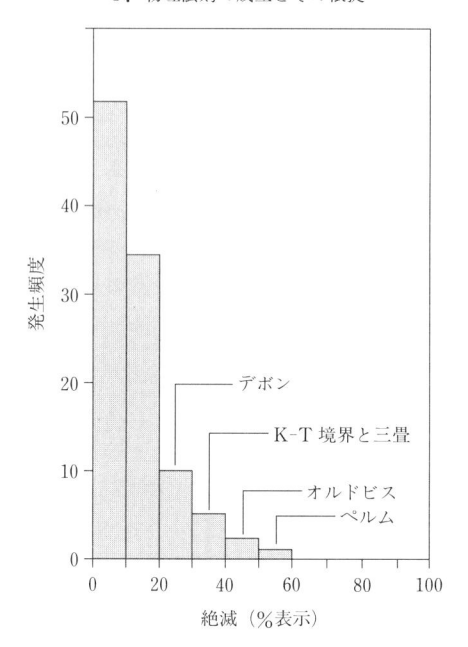

**図 A.11** 生命絶滅の規模とその発生頻度（フラクタル構造を示す）

の生命の進化過程に起こっていることを考慮すると，現在にあって，地球上に棲息している生命種が進化の必然的な産物であったとすることには，ちゅうちょせざるをえない．

このことは，目を転じて，逆の方向から眺めると，進化の誘因は全く偶然なできごとに関わっているのだということを示唆する．生命の進化過程には，合目的な性質は全然含まれていないといってよいかもしれないのである．そうであるために，私たち人類も含めて生体の機能や構造に不合理だとしかいいようのないものがたくさんあることになってしまったのかもしれない．こんなわけで，この地球上で生命の進化が最初からやり直せるとして，やってみたとした場合，地球上に現在みられる生物種が必ず現れるという可能性は，全然ないといってよいことになろう．

生物種の進化の場となるこの宇宙自体についても，もし進化の過程が，やり直せたとしたら，今日の世界と全くちがったものが実現されていることであろう．進化とは，非可逆的な過程で，その再現性は全然ないものなのである．私たち人類は，このような偶然的なできごとの累積の結果として，今日を迎えているのだという事実を忘れてはならない．

## 3.4 統計的推測の方法

　測定や観測などの手段により，目的とするデータをとる際に，私たちが実際に行うことは，データをできるだけ多くとって，それらを統計的に処理し，えられた結果について，公平を期することである．今，目的とするとのべたが，このことは研究をすすめるに当たって，どのようなデータをとればよいか，また，そのためにはどのような測定，あるいは観測をすればよいか，さらには，どのような実験を工夫すればよいかといったことがらが，初めに決められていなければならないことに関わっている．いい換えれば，研究をすすめるに当たっては出発点となる作業仮説，もっと簡単にいえば見通し (perspective) が，私たちの側になければならないのである．それにより私たちには研究に必要なデータが何かが鮮明になるし，実験計画の設定その他研究に必要ないろいろな手段がどのようなものであればよいかが明確になることになる．

　データをとるに当たって，私たちが決めねばならないことは，それがどれほどであれば妥当かということである．統計的に処理するに当たって，データの信頼度が必然的に問題となるからである．例えば，太陽コロナの外延部から吹き出す太陽風の性質を研究するのに，ずっとデータをとり続けて "endless" にこの風を測定するなどということは無意味である．実際には地球磁気圏外に送りだした宇宙空間測定機で，太陽風のいくつかの性質，例えば速さ，その向き，プラズマ密度（陽子，電子，ヘリウム，その他重い元素）などについて，数時間測定すれば太陽風の基本的な性質はわかる．太陽の自転に関わった太陽風の性質の変動を知ろうというのなら，数カ月にわたる太陽風の観測が必要となろう．太陽の自転周期は約 27 日であるから，30 日も測定を続ければ十分だとする考え方もできようが，太陽風の性質が太陽面上の黒点活動に大きく影響される可能性もあるので，自転周期の数倍にわたるデータをとれば，太陽風の性質と太陽の自転の関連について，貴重な成果がえられるであろう．

　統計的推測においては，今のべたように，どのようなデータをどれだけとればよいかが重要だが，研究の対象とする大量のデータが，既にえられている場合には，その中からどれだけとりだして分析すれば，元のデータの基本的な性質が明らかにできるかを検討せねばならない．大量のデータが，統計的処理における母集団を成し，とりだした一部のデータが標本集団で，この後者の分析

から，前者の性質を検証しようというのである．その際，調べようとする基本的な統計量は，母数としばしばよばれる．

えられたデータの統計的処理から，私たちは研究の対象について，科学的な推論が下せることになるので，統計的推測の手法は，測定や観測によってデータをとってすすめられる研究において，本質的な役割を果たすのである．

▷ 統計的な推測技術

地球の周囲に広がる磁気圏の外で，人工衛星により観測された太陽風の速さは図 3.8 に示すように速さが速い側にのびたものとなっている．平均の速さは 450 km/s ほどだが，実際には図 3.9 に示したデータからわかるように，太陽風の速さは不規則に大きく変動している．このデータは，1962 年に，アメリカの宇宙空間測定機マリナー 2 号が金星へ向けて飛行中にとったもので，これにより，太陽風の存在が実証されたもので，歴史的な観測である．この図には，さらに，太陽風中の陽子密度（$n_p$）も示されている．観測結果から明らかにされたことは，太陽風のエネルギー密度がほぼ一定に維持されていることであった．風の速さを $v$（km/s）ととると，

$$\frac{1}{2} n_p m_p v^2 \cong 一定 \tag{3.44}$$

となっていたのである．この式で，$m_p$ は陽子の質量である．

図 3.8 および図 3.9 に示した結果は，ともにごく限られた期間について太陽

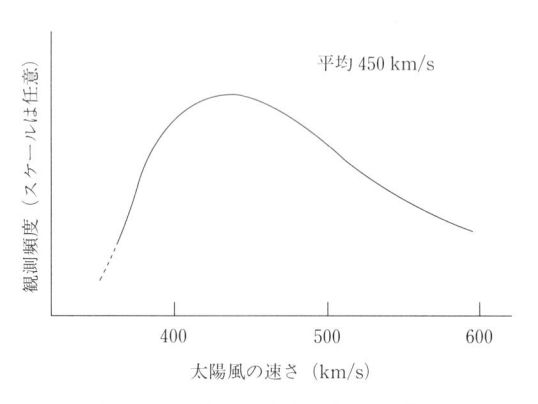

図 3.8 太陽風の速度分布（観測の例）

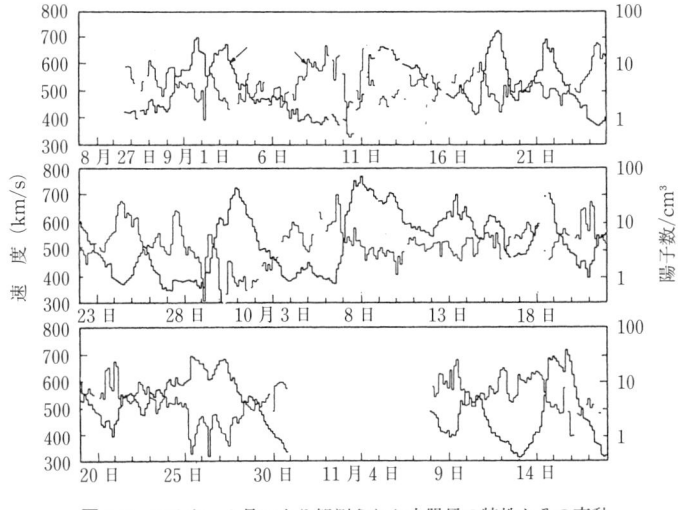

**図3.9** マリナー2号により観測された太陽風の特性とその変動

風を観測してえられたものである．したがって，これらの結果が，太陽風の普遍的な性質を表しているものかどうかについては，時期を変えて，他に何回かのデータをとる必要がある．太陽活動サイクルとの関係も予想されるので，このサイクルのいろいろな時期に，太陽風の性質を観測することも要請される．実際，このような観測がなされ，太陽風の性質と太陽活動との関係などが明らかにされたのである．

時期が限られた太陽風の観測結果は，統計的推測の技術からみれば，母集団からとりだした標本集団のもつ特性について調べたことに当たる．そのためにえられた観測結果の信頼度について推定する必要がある．3.1節でのべたように，母集団の因数である母平均や母分散は標本平均や標本分散のような統計量で表される．したがって，ある母数 $\theta$ が，標本平均や標本分散のような統計量 $\Theta$ で表されるとき，その期待値として推定される場合は

$$\theta = E(\Theta) \tag{3.45}$$

となる．このとき，$\Theta$ を母数 $\theta$ の不偏推定量という．3.1節でのべたことだが，このとき，母平均の不偏推定量は標本平均で与えられ，母分散の不偏推定量は $n$ 個の標本について式(3.26)に示したように与えられる．ここでひと言付け加えておくべきことは，母数の推定について，母平均が何々である，とい

った1個の数値を推定する点推定と，母平均が何々と何々との間にある，という範囲の推定に関わる区間推定があるということである．信頼度については，既に3.1節でのべたので，ここではこれ以上立ち入らない．

　ここで未知のことがらについて統計的に推測する問題として，宇宙に存在すると予想される知的生命，ETIの探索に関わった問題をとりあげよう．宇宙と今いったが，実際には，この天の川銀河内での探索ということになる．天の川銀河には，約4000億個の星があり，その半数ほどが太陽によく似た，ごく平凡な星であると観測から推定されている．

　地球上の生命の歴史をみると，最初の生命から人類のような知的生命にまで至る進化には，40億年ほどの時間がかかっている．この長大ともいえる進化に要する時間が，地球外に存在が予想される生命にも必要であるとすると，宇宙の知的生命，ETIが棲息する惑星系はあまり多くなく，原初的ともいえる生命を宿す惑星系の方が圧倒的に多いのかもしれない．だが，これについても信頼に足る推測は，実は不可能である．しかし，宇宙史が有限の長さであり，これが地球の年齢のせいぜい3倍にしかならないことを考えれば，地球上の知的生命である人類に比べて，はるかに進化したETIが非常に数多くすでに存在していると考えることも難しい．

　知的な面での進化の度合とそれに対応した生命を宿す惑星系の数との関係も，多分，フラクタル的な構造をとっているのであろう．そうだと断定できる証拠があるわけではないが，都市の人口のサイズと対応した都市の数，あるいは，英単語の使用頻度に関わったジップ（G. K. Zipf）の法則などからみて，知的に十分な進化をとげた生命の数は，この天の川銀河の中でも少数派に属するものと思われる．

　今のべた都市の人口のサイズと対応した都市の数については，図3.10に示したような結果がえられているし，ジップの法則については，図3.11のような結果が求められている．ジップの研究によれば，新聞の文章，ある作家の作品の一部，その他の文章どれをとっても図3.11に示したような結果になっている．

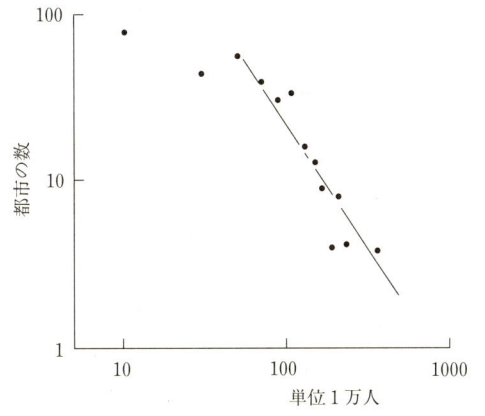

3.4 統計的推測の方法

図 3.10 都市人口のサイズ分布（フラクタル現象の例）
都市の数：20 万人ごとの目盛りで数えた．

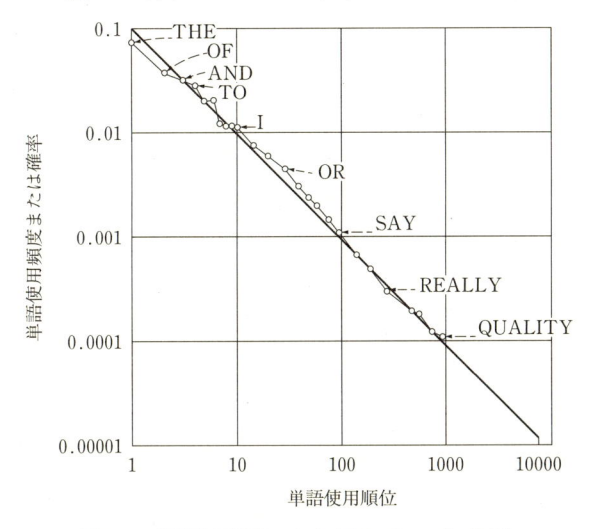

図 3.11 単語使用頻度のサイズ分布（ジップの法則）

## ▷時系列に関わる問題

　自然現象でも，人間が関わった社会現象でもすべてが時間の経過の中で起こる．こうした時間の経過の中で進行する現象の連なりを，一般的に時系列とよぶ．時間的に現象が継起することからみて，時系列では，そこでとりあげられ

た現象が時間的にどのように変動するか，その変動に周期性その他の特性が含まれているかなどが，分析の対象となる．

例えば，図1.3で既に，ある特定の地点における年平均気温の時系列を示したが，この図から，この気温が長期的にみて漸増の傾向をもつことがわかる．もちろん，これだけでは，この傾向の原因が，どこにあるのかについての手掛かりは全然えられない．これについて推測するには，この原因として，どんなことが予想されるのかについての研究が別に要請される．ひとつ考えられるのは，太陽活動の長期変動だが，それには太陽磁気サイクルの長さがある．太陽活動が約11年の周期で変動していることは，図1.1に示した結果から予想されることだが，この周期の約2倍，つまり相次いだ2周期がひとつの磁気サイクルを形成する．太陽黒点の磁気特性や太陽の極磁場の極性の時間変動には，約22年の周期性がある．この周期性の変動には長短が太陽活動の規模に関わって起こってくるのである．この磁気サイクルの長さを，図1.3に重ね合わせてみると，図3.12に示すような結果がえられる．この結果は地球環境を特徴づける気温が，太陽活動に強くコントロールされていることを示唆する．磁気サイクルの長さが短い，つまり，太陽活動が高い時期には，地球環境は温暖化していることになる．また，長期変動の面からは，1800年をすぎた頃から以後，太陽活動は増大の傾向にあり，地球の温暖化とも並行して起こっていることを示す．

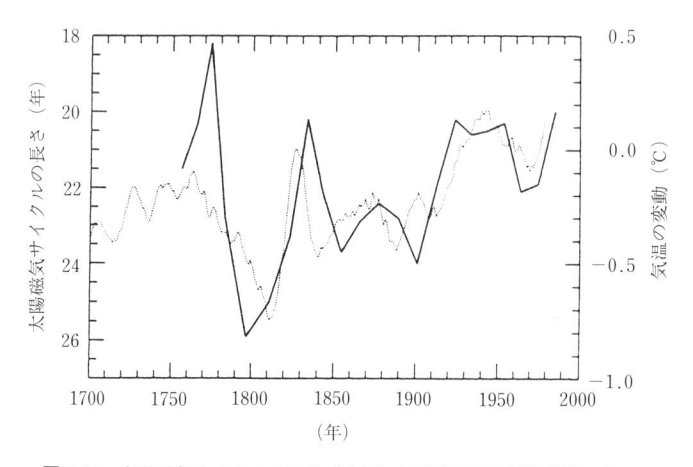

図3.12 太陽磁気サイクルの長さ（太線）と地球年平均気温変動パターン

3.4 統計的推測の方法

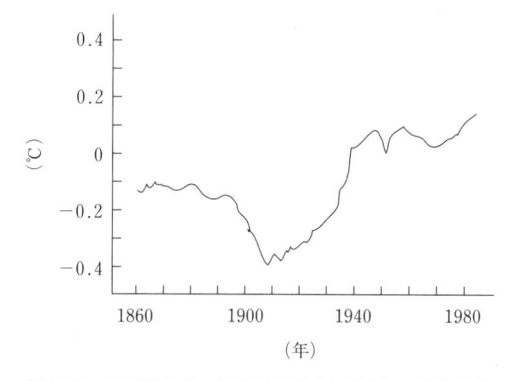

**図 3.13** 大西洋中部の海水面温度（年平均）の経年変化

今のべた傾向を，長期的な変動性をみるという面から捉えるには，磁気サイクルの長さを，例えば5個ずつとって平均し，時間についてずらしてゆく移動平均をとれば，この傾向がさらによくみえてくる．大西洋上のある点における年平均水温についての観測結果も，図1.3に示した結果とよく似ていて，この水温も年とともに増加の傾向を示す．ここで，年平均の海水温と気温の両変動の特性がどうちがうのかについては，同じ年にえられたこれら2つの温度についての相関図を作ってみれば明らかになる．えられた結果は，海水の温度変化は気温のそれに遅れて起こっていることを示している．このことは，海水が地球環境の温暖化傾向に対して緩衝作用を及ぼしていることを示唆する．相関係数の大きさや相関の度合の推定については，それぞれの変化量，ここでは年平均海水温と年平均気温とだが，これらを $x_i, y_j (i, j = 1, \cdots, n)$ ととって，次のように計算すればよい．これら2つの変数からなる関数 $\varphi(x_i, y_j)$ についてその確率密度を $f(x_i, y_i)$ とおくと，その期待値は

$$E(\varphi(x_i, y_i)) = \sum_{i=1}^{n}\sum_{j=1}^{n}\varphi(x_i, y_j)f(x_i, y_j) \tag{3.46}$$

となる．また，$y_j$ を固定して，$x_i$ に関わった期待値については

$$E(x_i) = \sum_{i=1}^{n}\sum_{j=1}^{n}x_i f(x_i, y_j) = \mu_x \tag{3.47}$$

と $x_i$ についての平均値が求められる．同様に $y_j$ についての期待値は，$\mu_y$ と平均値が与えられる．それぞれの分散については

$$\sigma_x^2 = \frac{1}{n}\sum_{i=1}^{n}(x_i - \mu_x)^2, \qquad \sigma_y^2 = \frac{1}{n}\sum_{j=1}^{n}(y_j - \mu_y)^2$$

により計算できるし，共分散 $\sigma_{xy}$ については

$$\sigma_{xy} = \sum_{i=1}^{n}\sum_{j=1}^{n}(x_i - \mu_x)(y_j - \mu_y)f(x_i, y_j) \qquad (3.48)$$

という式で計算できる．これが2つの変数間の関係の程度を与えてくれるのである．相関係数としては

$$\rho_{xy} = \frac{\sigma_{xy}}{\sigma_x \sigma_y} \qquad (3.49)$$

を使う場合が多い．この式の数値は $-1$ から $1$ までの間にわたっており，$0 < \rho_{xy} \leq 1$ では正相関の関係があるといい，$-1 \leq \rho_{xy} < 0$ では負の相関があるという．絶対値が1に近いほど相関が強く，$\rho_{xy} = 0$ では全然相関がないことになる．

　時系列に関係のない相関関係についてふれたのは，図3.14に示すような2つの変化量間の相関関係を，ここで扱うからである．この図に示したように，宇宙線フラックスの長期変動と太陽活動のそれとの関係についてみることにしよう．図3.14に示した結果からわかるように，宇宙線フラックスと太陽活動の間には，時間変動について，割とよい負の相関関係がある．この関係は太陽系空間内における宇宙線粒子の振舞いが，太陽風中の磁場に強く影響されることを示している．この磁場は太陽活動の強さと強い正の相関を示すことが明らかにされているのである．

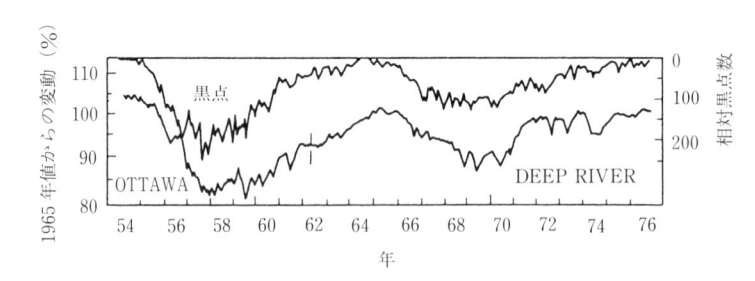

**図3.14** 宇宙線強度変化と太陽活動サイクルとの関係

　時間の経過の中で継起する多様な自然現象は，すべて時系列の事例である．人間の社会活動にみられる経済現象も，時系列のひとつの事例である．時間的に推移する一連の現象の系列の統計的な分析から，その現象の本質がみえてくることになる．素粒子間の反応や原子核反応のようないわゆる素過程（elementary process）では，時系列が問題になることはないが，自然界において時間的に継起する物理現象はすべて時系列に関わったものなのである．1.1節と1.3節でふれた物理現象の多くは，時間的に推移するもので，時系列分析からその変動特性の内容が明らかにされるのである．

### ▷ 推測統計学の方法

母集団から，任意にとりだした標本の群を標本集団とよび，この標本集団の特性から母集団の性質について調べる方法が推測統計とよばれる．その際，標本のとりだし方を乱数表などを利用してランダムに行ったときに，えられた標本は確率標本とよばれている．このとき，とりだし方には偏りがないと考えてよい．

母集団を形成する各個体を変数として，その確率分布を考えたとき，それを母集団分布とよび，その母数について，標本分布からえられた標本平均，標本分散などから推定してゆく．標本平均から，母平均を $\mu$，母分散を $\sigma^2$ と仮定し，母集団から $n$ 個の標本をまずとりだす．標本の変数値が

$$x_1, x_2, \cdots, x_n$$

であったとすると，標本平均 $\bar{x}$ は，当然のことながら

$$\bar{x} = \frac{1}{n}\sum_{i=1}^{n} x_i \tag{3.50}$$

と与えられる．$\bar{x}$ が $\mu$ に等しいことはまずないので，母集団の確率分布を仮定し，$\bar{x}$ と $\mu$ との差がどれほどか見積もらねばならない．

母集団の確率分布は，正規分布 $N(\mu, \sigma^2/n)$ と考えてよいから，$\bar{x}$ が

$$\mu - \frac{\sigma}{\sqrt{n}} < \bar{x} < \mu + \frac{\sigma}{\sqrt{n}}$$

の範囲に入る確率は

$$\bar{x} - \frac{\sigma}{\sqrt{n}} < \mu < \bar{x} + \frac{\sigma}{\sqrt{n}} \tag{3.51}$$

で与えられ，大よそ68%であることになる．このことは，標本のとりだしによって決まる区間 $(\bar{x} - \sigma/\sqrt{n},\ \bar{x} + \sigma/\sqrt{n})$ に対し母平均 $\mu$ を含むものが68%あることを示している．$n$ 個ずつ標本をとりだして，何回も試行をくり返したとき，1回の試行ごとに区間 $(\bar{x} - \sigma/\sqrt{n},\ \bar{x} + \sigma/\sqrt{n})$ に対し，68%が $\mu$

を含んだ区間となる．したがって，残りの32%は $\mu$ を含まない区間となる．既に3.1節でふれたように，母平均の推定に当たって，標本から定められる区間が信頼区間で，この区間の両端が信頼限界を与える．

　信頼区間を定める上記のようなやり方で定められた母平均を含む信頼区間がえられる確率を，信頼度または信頼係数とよぶ．先にとりあげた場合では，信頼度68%の信頼区間をえたことになる．一般的には信頼度95%か99%の信頼区間を用いる．これについても既に3.1節でのべたが，このときには，確率変数 $X$ が標準正規分布 $N(0,1)$ にしたがうとき，それぞれの信頼度について（付録の表を参照）

$$P(|X|<1.96)=0.95 \quad \text{および} \quad P(|X|<2.58)=99$$

となる．したがって，母平均のそれぞれの信頼区間は，母分散を $\sigma^2$，標本の大きさを $n$，標本平均を $\bar{x}$ としたとき，$(\bar{x}-1.96\sigma/\sqrt{n},\ \bar{x}+1.96\sigma/\sqrt{n})$，また $(\bar{x}-2.58\sigma/\sqrt{n},\ \bar{x}+2.58\sigma/\sqrt{n})$ で与えられる．このように，推定の結果がある区間について示されるので，区間推定とよばれる．

　信頼区間は，標本の個体数 $n$ と，信頼度とから決められる．標本の個体数 $n$ が固定されているときには，信頼度を上げようとすると，信頼区間の幅が大きくなる．逆に，信頼区間の幅を小さくしようとすると，信頼度が下がる．こんなわけで，信頼度を一定とするときに，信頼区間の幅を小さくするためには，標本の個体数 $n$ を大きくしなければならないのである．

　ここで例題として，ひとつの問題をとりあげてみよう．素粒子反応の実験をくり返したとき，その中に目的としないデータが混入している割合を知る場合について考える．今，400の実験結果について調べたら，その中に20例の目的としたデータが含まれていた．目的としない不要なデータの含まれる率 $P$ を95%の信頼度で区間推定する場合には，この率 $P$ は $20/400=0.05$ であるから95%の信頼区間は，$n=400$ として

$$\left(0.05-1.96\frac{\sqrt{0.05\times 0.95}}{20},\ 0.05+1.96\frac{\sqrt{0.05\times 0.95}}{20}\right)$$
$$=(0.03,\ 0.05)$$

と非常に狭い幅となることがわかる．同じ率 $P=0.05$ のとき，信頼区間の幅を1%以下で知るには，信頼区間の幅は $2\times 1.96\times \sqrt{0.05\times 0.95}/\sqrt{n}\leq 0.01$ と計算し，$n$ を求めればよい．計算の結果，$n\geq 7299.04$．したがって，標本

の個体数は7300個以上であればよいことになる．

　研究を実際にすすめている過程で，このような推定について想いをめぐらすことはほとんどない．信頼度について言及するのは，私たちがえた結果が十分に肯定的なものであることを，客観的に保証するためである．あるテーマについて研究を始める際に，私たちの側に何らかの見通しや，作業仮説がなければならない．そんなわけで，データをとるに当たっても，何をどれくらいとればよいかの見当も，大よそのところはつけているのである．

　ある程度の個数のデータをとって，それらについて統計的な処理を施し，最初の見通しや作業仮説の妥当性を検証するという作業が，研究の現場ではしばしばなされる．今のべたある程度の個数のデータが，統計学上の用語では，標本集団に当たるわけで，この集団がもつ分布から，自然界にみられる母集団のもつ分布を推定する手法が，統計的推測の技術であった．

　ところで，母集団分布について，ある想定，あるいは予想を立て，その妥当性を統計的な調査を行って立証しようと試みるとき，この想定や予想の内容を統計的仮説とか単に仮説と統計学ではよんでいる．統計的な調査には，それに必要なデータをとって標本集団を作り，その仮説の検証にすすむという手順が要請される．

　統計的仮説の検証，いい換えれば，検証は一般的には以下のようにすすめられる．研究の対象とした母集団に対し，ある仮説$H$を設定する．次いで，この母集団からランダムにとりだした個体から確率標本を作り，その内容から，この仮説$H$を棄てる（棄却という）か，または採用することになる．そのためには，あらかじめある小さな確率$\varepsilon$を決めなければならないが，それは標本平均を計算したときに，これがある数値$a$より小さくなっている確率が，$\varepsilon$より小さくなるように，この$a$を決めておく．標本分布から求めた標本平均が$a$より小さければ，仮説$H$の下ではこのようなことが起こる可能性は極めて小さいので，この仮説を棄てることになる．この数値$a$より小さくないときには，仮説$H$の妥当性については何もいえないので，棄てずにおくことになる．

　このような事情から，今上にとった確率$\varepsilon$を危険率，あるいは，有意水準とよぶ．このようにいうのは，仮説$H$が正しいのに，標本集団から計算した数値が，設定した$a$より小さくなって仮説$H$が棄却されることになる危険の

確率だからである．確率 $\varepsilon$ は $a$ を決めるための数値でもあることから，有意水準といういい方もなされるのである．

ここでみてきたような仕方で仮説を棄てることを，"仮説を棄却する"というふうにいうのである．また，棄てないで残しておくときには，仮説を採用するというふうにいう．だが，このことは，この仮説が正しいかどうかについて結論しているわけではなく，一応は認めておこうという消極的なものであることに注意しておこう．このようなわけで，仮説は棄却されるときに意味をもつことになる．これを帰無仮説とよんでいる．

統計的仮説の検証，あるいは，検定について，今までのべてきたことをまとめると以下のようになる．

I．統計的仮説 $H$ を最初に設定する．（これがなければ，標本集団が作れない）

II．有意水準 $\varepsilon$ をいくらにするか決める．（通常 $\varepsilon = 0.05$，または，0.01と小さくとる）

III．仮説 $H$ の下で，母集団からランダムにとりだして作った標本集団について，計算した標本平均などの数値がある範囲に入る確率が $\varepsilon$ であるといってよい範囲，いい換えれば棄却域を決める．

IV．実際に，母集団から作った標本集団について，問題とした数値を計算し，それが棄却域の中か外かにより，仮説 $H$ を棄却するか採用するかを決める．

母平均の検定に当たって，仮説 $H$ として，母平均が $\mu$ であるとしよう．母集団から $n$ 個から成る標本集団を作り，標本平均を計算し，$\bar{x}$ がえられたとする．このとき，

$$u = \frac{(\bar{x}-\mu)/\sigma}{\sqrt{n}} = \frac{\sqrt{n}(\bar{x}-\mu)}{\sigma}$$

について，有意水準 5%（0.05）で以下のようになる．

　　$|u| \geq 1.96$ のとき，仮説 $H$ は棄却される．
　　$|u| < 1.96$ のとき，仮説 $H$ は棄却されず，採用される．

ここでは母集団のもつ母分散 $\sigma^2$ を既知として用いている．上の検定で，有意水準を 1%（0.01）としたときには，上記の 1.96 を 2.58 としなければならな

い．ここでみたやり方では，棄却域は検定すべき値の両側にあるので，このような検定を両側検定という．時には小さいか大きいかだけが問題となる場合には，片側検定でよいことになる．

　実際の研究の過程で，統計的仮説を立て，今までみてきたような検定，あるいは，検証を行う場合はあまりない．えられたデータについて，その信頼性についてかなり疑問がある場合においてのみ，私たちは慎重に，えられたデータつまり標本集団について検定を行うことが要請される．こんなわけで，ここでは推測統計の技術の基本についてだけのべたのである．

---
**コラム 9**

## 宇宙の知的生命とドレイク方程式

　私たち地球人と同様の知的生命が，この天の川銀河にある他の惑星系に存在するかどうかについては，電波天文学的な手段により，現在も探査が続けられている．太陽系外の惑星や惑星系については，既に10個余りみつかっているし，その中には，液体の水をもつ惑星のあることもわかっている．

　地球外に存在すると予想される知的生命の探査を最初に試みたのは，フランク・ドレイク（F. Drake）で，1960年のことであった．当時所属していたアメリカの国立電波天文台（NRAO）のアンテナを利用して，地球外知的生命（ETI）が発信した電波を傍受しようと試みたのであった．約3カ月にわたってなされた観測の試みは失敗に終わったが，人類史に残るできごとであったといえよう．

　地球外知的生命を育む惑星が，この天の川銀河内にどれくらいの数存在するのかについて見積もる方法を提案したのもドレイクで，その数式的な表現はドレイク方程式として現在知られている．地球上で生命の進化が，人類のような知的生命を生みだすのに40億年ほどの長い時間を必要としたことからみて，この天の川銀河内に存在が予想される多くの惑星系に知的生命が実際に棲息しているかどうかについて推測することは，極めて難しい問題だといってよい．

　こうした点も考慮して，ドレイクが導いた，いわゆるドレイク方程式は，この天の川銀河内に存在する自分たち以外の知的生命と交信可能な文明の数，あるいは，このような文明を維持している惑星の数を見積もるもので，この数を $N$ ととったとき，

$$N = R_* \cdot f_p \cdot n_e \cdot f_l \cdot f_i \cdot f_c \cdot L \tag{1}$$

と表される．この式で，$R_*$ は天の川銀河内における1年当たりの星の生成数，$f_p$ は惑星系をもつ星の割合（確率といってよい），$n_e$ は惑星系がもつ惑星の平均

的な数，$f_l$ は実際に生命を育んでいる惑星の割合，$f_i$ はこれら生命のうちで知的な状態にまで進化したものの割合，$f_c$ は知的な状態に達した上で，他の知的生命と交信可能な技術を生みだす知的生命の割合，そうして，$L$ はこのような技術をもっている文明の平均的な持続時間（年単位）である．

式(1)で，$R_*$ は星の進化に関する理論と星々の観測結果とから推測できるけれども，$f_p$ 以後，$L$ までの因数については，観測的にも，理論的にも決め手となる手掛かりは全然ない．最近になって，太陽系外の惑星が多数みつかっているので，$f_p$ に対しては，ある程度まで，天文学的に推測することができるようになった．

だが，$n_e$ に対しては，太陽系についてのデータしか確かなものはないので，妥当な見積もりは不可能である．$f_l$, $f_i$, $f_c$, $L$ の4つの因数に対しては，太陽系の地球の場合についてしかデータはない．このような現実をも考慮に入れて，$f_p$, $f_l$, $f_i$, $f_c$ の4つについて見積もられた数値を，図A.12にまとめてみた．当然のことながら，この4つの因数について，この順に割合が小さくなっていく．既にふれたように，太陽系外の惑星系については，探査が始まり，現在までに10個余りみつかっているし，生命の起源については火星にもその痕跡と想定されるような岩石がみつかっているので，$f_p$ と $f_l$ については，近い将来，ある程度信頼しうるデータがえられるかもしれない．この図には，4つの因数の推定について，相当大きな広がりがあるので，この天の川銀河内にどれほどの数の惑星が，知的生命を育んでいるのかについて，確実な見積もりは不可能である．

現在，アメリカをはじめとしたいくつかの国で，地球外知的生命の探査がすすめられている．この事業は SETI (Search for Extra-terrestrial Life) とよばれている．

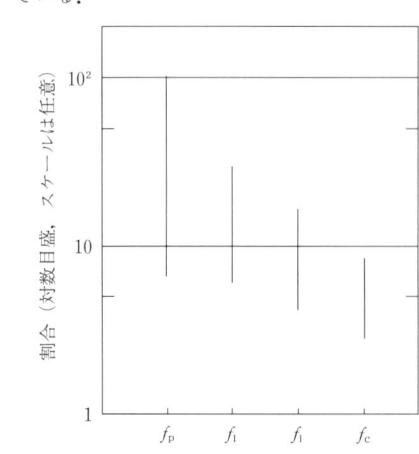

図A.12 ドレイク方程式の各要素の割合の相対比
縦軸の長さは見積もり幅の大きさを示す．

# 4

# 物理学における時間の問題

　現代物理学とよばれる学問分野は，20世紀の前半に確立され，伝統的に物理現象とよび慣わされてきたものを含む，ほとんどすべての自然現象の解明に，その力を発揮してきている．この学問分野が，このように有力な役割を果たすことになるには，量子力学と相対論の成立と発展が不可欠であった．現在では，よく知られているように，現代物理学は，物質の基本構造に迫る超ミクロな領域から，宇宙そのものの構造に関わるような超マクロな領域に至るまで，研究上の適用範囲を拡大し，その有効性を示している．

　また，すべての自然現象は，宇宙の進化の中で起こっており，宇宙論的な時間の進展と密接に関わり合っている．この時間の中で，私たち人類を含めて，地球上の生命はすべて，生物学的な時間を刻んでいっている．これが，生きている状態，いい換えれば，生命活動を育んでいるのである．この時間の中で，諸生命は進化の過程を歩んでおり，その多様化をひき起こしていっている．この過程に関わる時間は非可逆なもので，量子力学や相対論における時間とは，本質的に異なる．

　生物進化に関わった時間と同じように，自然現象の発展に非可逆性をもたらす時間は，熱力学の第2法則に関係している．特に，生物学的時間の発展は進化に関わっていることからみて，熱力学の中でも，非平衡の熱力学における現象の時間的発展と同質性のものであることに，注目すべきであろう．この点からみれば，宇宙における物質の進化過程も，もしかしたら，生物の進化にみられるダーウィン的な過程に類似したものだということになろう．

　宇宙物理的な現象では，熱力学的にみて，非平衡な状態が本質的な役割を演じているが，この状態を形成するのに重力場の存在が不可欠である．太陽を含

めて，星々が光り輝くのも，究極的には，重力場の作用の結果である．宇宙自体の構造や進化にも，重力場の作用が本質的な役割を果たしている．星の誕生と進化には，偶然的な要素が強く関わっているが，その関わり方は，生命の進化における偶然的な要素のそれと，本質的には同じであるといってよい．この関わりは，非可逆的にすすむ時間の中で起こっている．

ここでは，物理学における時間に関わったいろいろの問題について，いくつかの節に分けて考察することにする．情報理論とエントロピーとの関係についてもふれ，熱力学といかに関わるかも考察する．まず，最初に，物理的な統計現象に関係した時間について考察することにしよう．

## 4.1 物理的な統計現象と時間

自然現象はすべて，時間の経過の中で起こる．物理的な現象も，自然現象のひとつであるから，時間的に継起することには変わりがない．これらの現象については，既に第1章の中でいくつかふれているが，定常的なものと，非定常的なものとがある．前者には時間的にみて，周期的に変動するものが多い．後者は，全くでたらめに変動するもので，何らの周期性もみられない．

この節では，いろいろな物理現象が時間との関わりで示す振舞いについてのべることにする．その際，実際に観察される現象を例としてとりあげて考察するように試みる．

### ▷ 時間平均という概念

物理現象の中で，時間的な平均が意味をもつものには，時間について周期的にくり返す現象や，ある状態のまわりで起こり，それから離れていかない現象がある．時間的に発展していって，発散してしまうか，ある状態に限りなく接近していくような現象について，時間的な平均を考えることが，意味をなさないことは明らかであろう．

以前に，1.1節でのべた宇宙線強度の時間的な変動には，周期的に起こるものがいろいろと知られている．強度の日周変化，太陽の自転周期に関わった強度変化，強度の年周変化および太陽活動周期に伴う変化などである．これらの諸変化について，その本質を探ろうと試みるとき，これらの周期にわたる強度変化のデータをたくさん集めて，統計的な平均を求め，その結果に基づいて，

私たちは，その特性やそれから推測される本質について明らかにすることになる．

周期のようにある限られた時間に関わったデータを，多数重ね合わせて平均し，そこから統計的な特性を明らかにするというわけである．周期性がみられない現象でも，先にのべたように，ある状態のまわりで起こっていて，そこから離れていくことがない場合には，えられたデータを，できるだけ多く重ね合わせて，平均することから，その現象の特性や本質を私たちは推論することができる．

例えば，宇宙線の成分の中で，最高エネルギー領域に属する粒子の地球への到来数は，観測所の規模によっては，1年間にせいぜい数個というごく小さなもので，統計的な処理を施せるだけの観測例を集めるには，5年，10年という長い時間にわたる観測が必要となる．それでも，データにばらつきが大きく，観測誤差の見積もりは，必然的に大きくなる．わが国のAGASAと略称される宇宙線空気シャワーの観測施設によりえられた宇宙線のエネルギー・スペクトルを示すと，図4.1のようなものである．この結果によると，従来予想されていたこととちがって，地球に到来する宇宙線粒子のエネルギーは$10^{20}$eVを超えて，さらに高いエネルギー側に広がっていることがわかる．

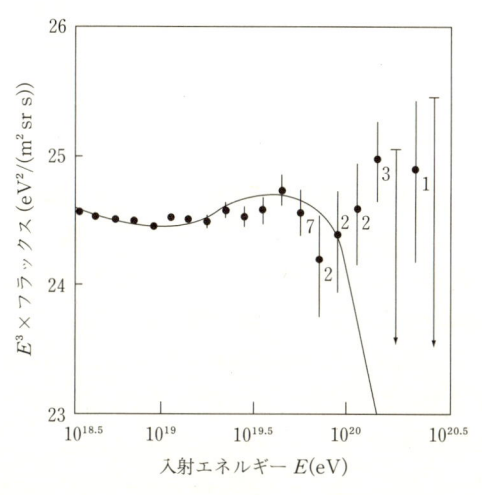

**図4.1** 超高エネルギー宇宙線成分のエネルギー・スペクトル

このように長い時間にわたってえられた統計的なデータは，えられた個々の観測例を重ね合わせてえられたものだが，このようなことが可能なのは，研究の対象が，時間的に発展して，ドリフトしていってしまうものでないからである．長時間にわたる平均的な結果が，多数の個々の観測例の重ね合わせからえられる平均と，一致するはずであるという予想，あるいは，もっと強くいうなら，確信があるからこそ，長い時間にわたって観測が続けられるのである．このことは，統計力学におけるエルゴード仮説を，私たちに想い起こさせる．

この仮説は，ボルツマンが考察した$H$関数の時間発展に関わって生じたのだが，それは，マクスウェルによる「力学的体系の状態は，時間的発展において，いつかは最初のエネルギーで決まるエネルギー一定の曲面上のすべての状態点を通過する」という考えに立ってだされたもので，ボルツマンは，この曲面上で一定の値をもつ確率分布を考えて，この分布によって表される体系の全体をエルゴードと名づけたのであった．

この仮説は，エネルギー的に限られた状態の時間発展の長時間平均が，この状態を占める集団の平均に等しいことを要請しているのだが，この要請が妥当であると考えることから，先に示した図 4.1 のようなグラフが求められるのである．今，時間発展といったが，ここでは時間的に変動し続けているという意味のもので，状態が非可逆的に変化してしまう場合は想定していないことを注意しておく．あくまでも，時間的平均が意味をもつ場合を考えているのである．

エルゴード性については，情報理論においても，情報に関わる不確定性をめぐって現れる．例えば，英語のアルファベットの各文字の文章中での使用頻度，あるいは，英単語の使用頻度などから，情報におけるエントロピーが定義される．このとき，これらの使用頻度から導かれる不確定性から，情報の不確定さの指標となるエントロピーが計算される．その際，この不確定さは，それぞれの文字や単語について（ほぼ）一定となっている．このことを，エルゴード性をもつといっている．この不確定さが大きいほど，エントロピーは大きくなり，統計物理学における$H$関数，いい換えれば，物理学上のエントロピーの増大と，対応した意味づけができることになる．

こうしたエルゴード性は，多くの物理現象について成り立っており，私たちが，これらの現象を時間的に統計して扱えることを保証してくれるのである．

エルゴード性といういい方を，このように使うことには異論もあろうが，この保証があって初めて，例えば気体分子運動論における気体分子の速度分布の最終的な状態，つまり，エントロピー最大の状態で，この速度分布が，マクスウェル-ボルツマン分布則にしたがうことが結論されるのである．

## ▷ 時系列に関わった問題

　この宇宙にみられる物理現象は，この地球上に起こるものも含めて，ほとんどすべてが時間的に推移していくものである．したがって，これらの物理現象はみな，時系列とよばれる現象となっている．それらの中には，時間的にみて，ある変動範囲からはみでていかないで起こるものや，はみでていって，いわゆる時間的発展を示すものがある．

　太陽活動の指標とされる相対黒点数をみると，この数の大きさは時間とともに変わっていくが，ある有限の範囲に収まっている．その上で，いくつかのはっきりした振幅を異にする周期性の変動が重なり合っている．これらの周期には基本的なものとして，約11年のものがある（図1.1）．相対黒点数の変動周期には，この約11年の5倍の高調波に当たる約2.2年の周期性の存在も，その振幅は小さいが知られており，この周期性に因果的に関わる現象として，太陽ニュートリノ・フラックスに，準2年周期変動の存在が示唆されている．

　この準2年周期変動のさらに5倍の高調波成分として，約5カ月，あるいは，153日ほどの変動成分の存在が，太陽フレアの発生頻度に関するデータの統計解析から明らかにされている．今みたようないくつかの周期性変動が重なり合って，太陽活動が起こっていることは，この現象がカオス的なものであることを示唆している．

　これらの周期性は，長期にわたる太陽活動に関する観測結果を，周期解析により容易に求めることができる．ところが，後に図4.2に示すように，太陽活動には周期性を全然示さない不規則な変動の存在も知られている．こうした非周期的な変動の存在については，今までのところ，その成因はわかっていない．

　相対黒点数に関する観測データは，1600年代の初め頃以降，現在に至るまで約400年にわたってえられている．1600年頃から1710年頃までの観測結果には，あまり信頼性はないが，この時代には，太陽面上に黒点をみつけて観測

したというだけで，スケッチなどが論文として発表できたので，多くの人が競って黒点観測に力を入れたともいわれている．図4.2のSやMで示したような無黒点ともいえる時代は本当に存在したといってよいであろう．

現在では，生育年代のわかっている木の年輪中に残されている放射性炭素 $^{14}$C を定量的に測定し，その存在量から，当の木が生育していた時代の太陽活動を推定する試みがなされている．この炭素の放射性崩壊の半減期が5730年なので，過去数万年にわたる太陽活動の推定には，十分利用できる．現在では，質量分析の技術がすすんでいるので，過去10万年にまでさかのぼって，太陽活動の変動の様子が明らかにできるといわれている．

大気中の放射性炭素は，宇宙線が大気中の窒素や酸素の分子と衝突して破壊したときに生成される中性子が，窒素の原子核に吸収されることから作りだされる．このことは，大気中の放射性炭素の量，したがって，炭素同化作用を通じて年輪中に蓄積されるこの炭素の量が，宇宙線の地球大気への入射量にほぼ比例していることを示す．宇宙線の入射量と太陽活動との間には，図3.14に示したように，大体において，逆相関の関係があるから，先の推論は妥当なものと考えてよいであろう．

放射性炭素が木の年輪中に含まれる量を定量的に測定し，放射性崩壊を考慮して推定した太陽活動の過去7000年余りにわたる期間のデータは，図4.2に

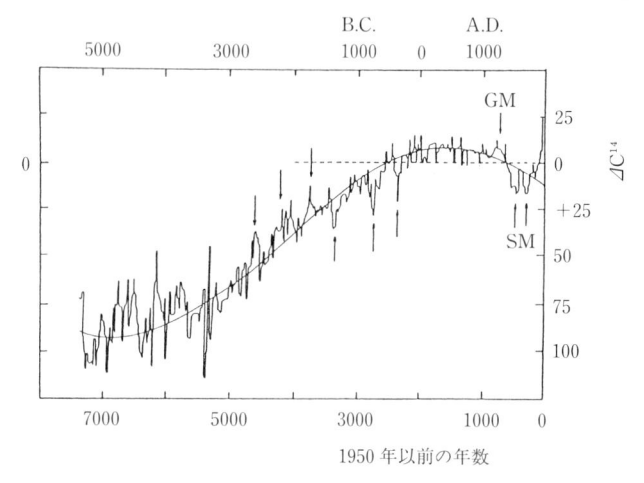

**図4.2** 放射性炭素の分析から推定された過去7000年にわたる太陽活動の変遷
宇宙線強度は地磁気強度によって変わるので，それに準拠して変化していく．

示すようになっている．この図の結果から，太陽活動は長期的にみると，かなり不規則に変動していることがわかる．100年の時間スケールで起こっているこのような変動には，何らの周期性もみられない．こうした不規則な変動の成因が，一体何なのかについては，現在までのところ不明である．

## ▷ 時間的に発展する現象

物理現象には，研究対象としたシステムが時間とともに推移していく場合について，このシステムの状態が全体として，いい換えれば，統計的に時間的に変わっていくものと，システムが時間の経過とともに空間的な配置を変えていくものとに大別される．前者は，例えば，容器に閉じこめられた気体が拡散していくような場合で，状態とそれに関わる物理量の時間変化が，研究の対象となる．後者では太陽系の諸惑星の運動や，宇宙線粒子の地球磁場内における運動のような場合が考えられる．

今あげたような物理現象については，システムの時間的な変動を記述する形式を探し当てることにより，原理的には，この変動を数学的に明らかにすることができる．一般的には，この形式は微分方程式に表されるので，これを解くことにより，システムの時間的な挙動を，私たちは知ることができる．この場合，この挙動は，時間的には因果的に起こり，その発展のパターンは，また，一義的である．波動現象のような場合には，減衰がないとき，時間的には可逆である．ところが，拡散現象の場合には，現象は時間的に非可逆となる．

物理現象も含めて，すべての自然現象は，宇宙の進化の中で起こっているので，たとえ，実験室の中でくり返しなされる同一種の実験の場合でも，完全に同じ条件で同じに現象が推移することなどない．物理現象は多くの場合が再現できるものと想定されているので，実験室内でのくり返した実験や測定がなされるのであって，この再現性がなかったなら，このような作業は無意味となる．実験や測定からえられた多くの結果の統計的な処理法については，3.1節で既にのべた通りである．

ここでのべたような再現性があるという想定が可能であることは，時間について，局所性が成り立つ，いい換えれば，時間を測る原点を任意に設定できるという経験に依っている．時間の局所性，これが現代物理学の理論の根底には想定されているのである．その一方で，局所化された時間について，その質に

── コラム 10 ──

**セント・ピータースバーグの問題**

　無限回にまで試行がわたる場合の数学的期待値を求める問題では，私たちの常識に矛盾するような結果がしばしばもたらされる．

　賭けに関わった問題の例として，次のような場合をとりあげてみよう．1個のサイコロを投げたとき，1の目がでたら1ドルもらい，同時に，サイコロを続いて投げる権利もとるとする．また，2回目にも1の目がでたら，また，1ドルもらい，さらに続いてサイコロを投げる権利をもらう．このようにして，1の目が出続けたときに，もらう金額がいくらになるか計算してみよう．

　$n$ 回続けて1の目がでたが，$(n+1)$ 回目で初めて1の目がでなかったとすると，その確率は，

$$\left(\frac{1}{6}\right)^n \frac{5}{6}$$

で与えられる．したがって，もらえる金額 $S_n$ は

$$S_n = n\left(\frac{1}{6}\right)^n \frac{5}{6} \tag{1}$$

となる．1回目で1の目がでないこと，1回目には1の目がでたが，2回目に1の目がでないこと，2回目まで1の目がでたが，3回目に1の目がでないこと，…，$n$ 回目まで1の目が出続けたが，$(n+1)$ 回目で1の目がでないことは，すべて互いに排反の事例であるから，もらえる金額の期待値 $S$ は

$$\begin{aligned} S &= \sum_{n=1}^{\infty} n\left(\frac{1}{6}\right)^n \frac{5}{6} \left(= \sum_{n=1}^{\infty} S_n\right) \\ &= \frac{5}{6}\left\{\left(\frac{1}{6}\right) + 2\left(\frac{1}{6}\right)^2 + 3\left(\frac{1}{6}\right)^3 + \cdots\right\} \\ &= \frac{1}{5} \end{aligned} \tag{2}$$

となる．もらえる金額はたったの 1/5 ドル，つまり，20 セントということになる．

　この問題は，次のようなやり方でも扱える．先にみたように，1回目に1の目がでる確率は 1/6 で，1の目がでれば1ドルもらえるのだから，もらえる金額の期待値は 1/6 ドルである．2回目も続いて1の目がでるとすると，その確率は $(1/6)^2$ で，ここでも1ドルもらえることになるから，もらえる金額の期待値は $(1/6)^2$ ドルとなる．このようにして，$n$ 回続いて1の目が出続けたときの，もらえる金額の期待値は $(1/6)^n$ ドルとなる．したがって，全体として期待値は，前と同様に $S$ となるはずである．今，上に示した期待値すべてを加え合わせると，

## 4.1 物理的な統計現象と時間

$$\frac{1}{6}+\left(\frac{1}{6}\right)^2+\cdots+\left(\frac{1}{6}\right)^n+\cdots=\frac{1}{6}\frac{1}{1-1/6}=\frac{1}{5} \quad (\text{ドル}) \tag{3}$$

となり，当然のことながら式(2)の $S$ と同じ結果となる．

確率論のパラドックスの有名な問題で，無限試行に関わったものに，セント・ピータースバーグの問題として知られるものがある．次に，この問題について考えてみよう．これも賭けゲームの例で，1枚の硬貨を表がでるまで投げ続けて，もし $n$ 回目に初めて表がでた場合に，$2^{n-1}$ ドル与えるとするもので，この賭けでもらえる金額の期待値が問題となる．

例えば，1回目に表のでる確率は，当然のことながら $1/2$ なので，もらえる金額は1ドル，2回目に初めて表がでたときには，2ドルもらえるが，その期待値は確率が $(1/2)^2$ なので，$2\times(1/2)^2$ となる．$n$ 回目にはじめて表がでる確率は $(1/2)^n$ であるが，もらえる金額は $2^{n-1}$ ドル．したがって，もらえる金額の期待値は $2^{n-1}\times(1/2)^n(=1/2$ ドル$)$ となる．

この賭けゲームをずっと続けたときに，もらえる金額の期待値 $S$ は

$$S = \frac{1}{2} + 2\times\left(\frac{1}{2}\right)^2 + 2^2\times\left(\frac{1}{2}\right)^3 + \cdots + 2^{n-1}\left(\frac{1}{2}\right)^n + \cdots$$
$$= \frac{1}{2} + \frac{1}{2} + \cdots + \frac{1}{2} + \cdots = \infty \tag{4}$$

となり，発散してしまう．こんなわけで，大金持が，このゲームに加わっていたとしたら，$n$ が極めて大きいときの賭け金，$2^{n-1}$ ドルを払うことができ，この人にはさらに金が手許に入ることになる．しかしながら，現実に大金を賭けられる人がいるかとなると，これは別問題である．

この問題で提示した金額の期待値は，もらえる金額と，この金額を得る確率との積であって，金額の価値については何もいっていない．賭け金の額の価値は，大金持かそうでないかによって大きく異なるので，このような賭けゲームに実際に加わる人は余りいないのではないだろうか．結果がわかっていても，実際にゲームに加われるかどうかは，別の次元の話なのである．

この問題は，1713年にニコラス・ベルヌーイが最初に考察したものだが，これに対し，ダランベールは，表がずっと続いてでることなどありえない，いい換えれば，表が続けば，次には裏がでやすいはずだと批判したそうだが，確率論的には，この批判は当たらない．また，彼は実際に実験したわけでもない．実験したのはフランスのビュッフォンで，2084回，硬貨投げを行い，表のでる頻度を確かめたのであった．そうして，ダランベールの批判が正しくないことを示している．硬貨は記憶も意識ももたないのである．

大数の法則から予想されるように，硬貨投げで，表と裏のどちらかが相次いででる確率は，試行の回数が大きくなったときには，2項分布で近似できるように

> なる．試行の回数が無限となるようなゲームは，現実には起こりえないが，気体分子運動論の場合には，この無限を考慮して初めて理論が成り立つ．
> 　ここでひと言，ことば遊びにすぎないといわれそうだが，砂山といったとき，砂粒がどれほど積もったら，このようにいわれるのだろうか．1個や2個の砂粒では，砂山はできない．では，何個で砂山を作るようになるのだろうか．気体分子運動論でも，数個の気体粒子の集団では，気体分子運動論の手法は全然使えないのである．

は，相互に全然相違がないことが，当然のこととして想定されている．実験室内におけるいろいろな実験や測定が可能とされているのは，このような大前提に立ってのことなのである．

時間的に発展する現象として重要なのは，宇宙と生命に関わったもので，ここでは，時間は非可逆にすすむものと現在考えられている．宇宙論に関わった時間については次節で，その根拠についてふれる予定なので，ここでは，生命の進化に関わった時間，いわゆる進化時間についてのみ考えることにする．生命の進化には，合目的とよべるような合法則性は全然ないことが，現在では既に明らかとなっている．

現在までのところ，生命の進化については，地球上の生命しか私たちは知らないが，もし進化の歴史が時間をさかのぼってくり返しが可能であったとしても，現在の地球上でみられるような生命が，進化の結果，形成されてくる必然性は全然ない．進化には合目的な法則性は全然なく，全くの偶然的な変異が進化の契機を作るので，生命が進化の中で刻む時間は，非可逆なのである．私たち自身が現在ここにいるのも，偶然を介在して起こる進化の生みだした結果なのだという事実を，私たちは忘れてはならない．

生命は，エネルギーの流れの場の中で，低エントロピーのエネルギーを利用して，エントロピーを生成しながら，それ自体の組織的な活動を維持する存在で，必然的に非平衡なシステムに組みこまれた存在なのである．地球上に生命が存在しうるのはこうしたシステムが，稼動できる状態に，地球環境が現在維持されているからなのである．

## 4.2　熱力学的時間と宇宙論的時間

分子や原子が，たった1個で存在する場合でも，それが静止の状態にあるこ

## 4.2 熱力学的時間と宇宙論的時間

とはないが，多粒子の集団では，衝突などの相互作用を通じて，その振舞いは，ミクロにみたら非常に複雑となる．その際，その振舞いがひき起こす現象は非可逆的にすすむ．それが，熱力学的に隔離された，つまり，閉じたシステムであったときには，エントロピー最大の状態へと現象は推移し，この状態で平衡となる．このことは，現象の推移が，時間に対し一方向きとなっていることを示唆する．つまり，熱力学の第2法則が成り立っているのである．

閉じた有限なシステムでは，どんなものでも，その中ですすむ物理過程はすべて，熱力学の第2法則にしたがう．したがって，その過程は，時間的に一方向きにすすむ．このことから，熱力学的にみた時間の方向性には，ひとつの向きがあり，システム内で起こる物理的過程には非可逆性が必ずついてまわることがわかる．この節では熱力学の第2法則から考えられる時間とそのすすみ方について，熱力学的時間を定義し，この節では使うこととする．

宇宙全体も物理的な対象のひとつと考えてよい．したがって，この宇宙も閉じて有限のシステムだったとすると，熱力学の第2法則が成り立つことになる．その結果として起こると予想されることは，宇宙全体としてみたとき，すすむ物理過程は総体として，エントロピーの増大を生みだし，長い時間の後には，いわゆる熱的死を迎えることになる．今，長時間といったが，宇宙の年齢が有限である限り，どんなに長い時間を考えても，宇宙が熱的死の状態に最終的に到達することには変わりがない．

この予想と，現代の宇宙論とは両立しないようにみえる．その理由のひとつに，19世紀初期に提唱されたオルバースのパラドックスに関わった問題がある．このパラドックスは，後に詳しく検討するように，この宇宙は，夜みたときなぜ暗いのかという疑問から提起された．この宇宙は，閉じて有限の大きさでない限り，夜空は昼と同様に明るくなければならないのに，真暗となっているのが，このパラドックスの本質である．

どんな物理的な対象であっても，それが温度をもつ限り，熱放射が伴っており，物質と放射が共存している．物質と放射の間には，質量とエネルギーに関するアインシュタインの等価原理によって密接な関係がある．このことは，宇宙についても成り立つ．

よく知られているように，宇宙は熱的死の状態にはない．このことは，宇宙の年齢が有限であるとすると，相対的にみて，宇宙は誕生してまだ若い状態に

あることを示唆している．さらに，現代の宇宙論によれば，宇宙は現在膨張しつつあり，熱力学的な平衡からは遠くはずれた状態にある．また，この膨張により，オルバースのパラドックスも成り立たない．宇宙論的時間は，宇宙にみられるこのような進化のパターンを反映しているのである．

この節では，熱力学の第2法則と時間との間にみられる関連を中心にして熱力学的時間と宇宙論的時間について考えることにする．

### ▷ 熱力学の第2法則と時間

熱力学の第2法則は，エントロピーの増大法則と時によばれるように，どのようなものでも自然現象が時間的に推移する過程で，その現象に関わるシステムの内部では，必ずエントロピーが生成され，それが一方的に増大することを示す法則である．したがって，自然現象はすべて非可逆的にすすむことになる．だが，熱エネルギーの生成を伴わないような現象がもし可能だとしたら，その現象は可逆的であることになる．しかしながら，エントロピー，したがって，熱エネルギーを生成しないような現象は，実際には起こらないので，可逆的な現象は，理想化された場合のみに想定できるのである．

閉じた有限なシステムでは，そこで起こる現象は，熱力学の第2法則にしたがってすすみ，エントロピー最大の状態に至って，熱力学的な平衡に達する．この状態で，現象の進行は止まることになる．1.2節で，気体運動論について考察した際に，$H$関数を導入し，この関数の時間変化を扱った．その時，$H$関数が時間とともに減少することを示したが，その過程で基本的に重要な役割を果たしたのが，気体分子間の相互作用，つまり，衝突であった．この相互作用が確率的なものであることから，$H$関数の時間依存性が明らかにされたのであった．

$H$関数と，ボルツマンが示したシステムの乱雑さを表す量$W$との間には，次のような関係が成り立つ．$W = N!/(N_1! N_2! \cdots N_i!) \times$定数の関係があることを考慮すると（1.2節をみよ）

$$H = -\ln W + \text{const} \tag{4.1}$$

また，エントロピー$S$と$H$の間には

$$S = -kH \tag{4.2}$$

の関係が成り立っている．

システムの乱雑さを表す物理量 $W$ については，気体分子の集団の場合については，1.2節で既に考察したところである．この集団が，熱平衡の状態にあるときの分子群の速度分布が，マクスウェル-ボルツマン統計にしたがうことについても，既にみたところである．システムを構成する単位，例えば，気体分子，光子，電子などがしたがう統計規則は，マクスウェル-ボルツマン統計のほかに，フェルミ-ディラック統計およびボーズ-アインシュタイン統計の2つが知られている．これら2つの統計にしたがう分布も，もちろん，熱平衡の状態において成立することを，ここで注意しておく．

気体分子運動論において，気体分子がマクスウェル-ボルツマン統計，または，ボルツマン統計にしたがっていることを示し，その際，これら分子の速度分布がいわゆるマクスウェル-ボルツマン分布則にしたがっていることも明らかにした（1.2節）．この統計では個々の気体分子が互いに区別できることが仮定されていた．

ところで，量子論的効果を考慮する必要があるシステムでは，対象とした粒子は互いに区別できないことが要請されており，他方で，これら粒子のもつ状態だけが区別できるような統計法にしたがう．これらの統計法には2つの種別があり，それらは，フェルミ-ディラック統計およびボーズ-アインシュタイン統計とよばれている．先にみたマクスウェル-ボルツマン統計とともに，2個の粒子の場合について，これら3つの統計法から帰結する状態の数を示すと，図4.3のようになる．

マクスウェル-ボルツマン統計では，2個の粒子は互いに区別できると仮定されているので，状態の数は4通りとなっている．ボーズ-アインシュタイン統計では，ひとつの状態に粒子は何個でも入れるので，この図の例では，状態の数は3である．フェルミ-ディラック統計では，ひとつの状態に粒子1個しか入れないので，この場合には，状態の数は1通りしかない．

マクスウェル-ボルツマン統計については，1.2節で既にみたので，ここでは，ボーズ-アインシュタイン統計とフェルミ-ディラック統計について扱い，これから導かれるエントロピーとその時間変化について考えてみよう．これら両統計についても，形は異なるが，$H$ 関数が定義できるのである．したがって，この関数の時間変化も調べることができ，ボルツマンの $H$ 定理の拡張した形式を論じることも可能となる．

158    4．物理学における時間の問題

```
                    ┌──┐        ┌──┐
                    │○●│        │○○│
                    ├──┤        ├──┤
                    │  │        │  │
                    └──┘        └──┘

        ┌──┐  ┌──┐        ┌──┐  ┌──┐
        │● │  │○ │        │○ │  │○ │
        ├──┤  ├──┤        ├──┤  ├──┤
        │○ │  │● │        │  │  │  │
        └──┘  └──┘        └──┘  └──┘

                    ┌──┐        ┌──┐
                    │  │        │  │
                    ├──┤        ├──┤
                    │○●│        │○○│
                    └──┘        └──┘
```

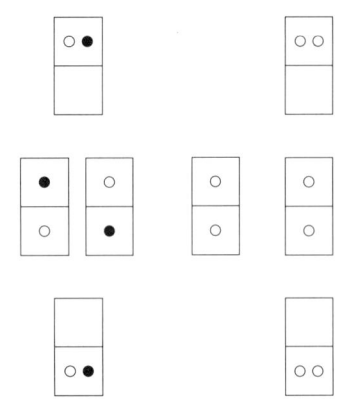

　　　　　　マクスウェル-　　フェルミ-　　　ボーズ-アイン
　　　　　　ボルツマン統計　ディラック統計　シュタイン統計

　　図 4.3　マクスウェル-ボルツマン統計，フェルミ-ディラック統計，ボーズ-
　　アインシュタイン統計の 3 つにおける配置

　これらの議論に入る前に，フェルミ-ディラック統計およびボーズ-アインシュタイン統計における粒子分布に関わる状態数 $W$ の数え方について考える．粒子の区別は不可能なので，$N$ 個の粒子を，図 4.3 に示したような箱への配分の仕方の数は 1 通りとなる．箱 1, 2, $\cdots$ に対する粒子の分布 $N_1, N_2, \cdots$ に対する状態の数はおのおの箱に配分された粒子が箱で指定される状態を占める方法の数だけから生じてくる．

　フェルミ-ディラック統計では，区別しえない粒子をおのおのの状態に重ならないように配分することになる．箱 $i$ に含まれている $p_i$ 個の状態から $N_i$ 個をとりだして，そこに粒子を 1 個ずつ配分すれば，それが 1 つの状態となる．箱 $i$ に含まれる粒子の数は $N_i$ 個だから，可能な状態の数は，この箱では $p_i!/N_i!(p_i-N_i)!$ 個だけあることになる．したがって，粒子分布における状態の数 $W$ は，

$$W = \prod_i \frac{p_i!}{N_i!(p_i-N_i)!} \tag{4.3}$$

となる．

　ボーズ-アインシュタイン統計では，区別しえない粒子は，おのおのの状態にいくらでも重なりを許して配分することができる．箱 $i$ に対しては，この中

## 4.2 熱力学的時間と宇宙論的時間

に入る粒子の数は $N_i$ とおける．これらが，各状態に対応する小さく仕切られた小部屋に振り分けられる．このことは，見分けがつかない $N_i$ 個の粒子を1列に並べて，$(p_i-1)$ 個の小さな仕切りで区切っていくことだと考えてよい．$N_i$ 個の粒子の列に対し，$(p_i-1)$ 個の仕切りを入れるやり方の数をみつけるには，粒子にも仕切りにも目印●がついていると想定し，それらを1列に並べる方法の数 $(N_i+p_i-1)!$ を，粒子の入れ替えの数 $N_i!$ と仕切りの入れかえの数 $(p_i-1)!$ とで割ればよい．したがって，ボーズ-アインシュタイン統計では，$W$ は次式のようになる．

$$W = \prod_i \frac{(N_i+p_i-1)!}{N_i!(p_i-1)!} \tag{4.4}$$

実際には，$p_i \gg 1$ であるから $(p_i-1)$ は $p_i$ とおいてもよい．

2つの統計についてえられた $W$ について，スターリングの公式を用いると，両者を合わせて，次のような結果がえられる．

$$\ln W = \sum_i \{\pm p_i \ln p_i - (p_i \mp N_i)\ln(p_i \mp N_i) + N_i \ln N_i\} \tag{4.5}$$

符号は，上側がフェルミ-ディラック統計，下側がボーズ-アインシュタイン統計に当たる．式(4.1)から，今求めた結果(4.5)が，これら両統計に関わる $H$ 関数であることがわかる．また，式(4.2)から，これら両統計に対するエントロピー $S$ の表式がえられる．

式(4.5)は，式(4.1)より $H$ 関数そのものであるから，その時間変化は，時間 $t$ で微分することから求まる．したがって，

$$\frac{dH}{dt} = \sum_i \{\ln N_i - \ln(p_i \mp N_i)\}\frac{dN_i}{dt} \tag{4.6}$$

上式の右辺にでてくる $N_i$ の時間微分 $dN_i/dt$ は，粒子間の衝突による粒子数 $N_i$ の変化であるから，衝突する粒子対 $(i,j)$ の状態から $(\mu,\nu)$ の状態へと移る単位時間当たりの割合を $Z_{ij,\mu\nu}$ とおくと，

$$Z_{ij,\mu\nu} = A_{ij,\mu\nu} N_i N_j (p_\mu \mp N_\mu)(p_\nu \mp N_\nu) \tag{4.7}$$

ととれる．このとき，衝突係数 $A_{ij,\mu\nu}$ には次の性質があることを注意する．

$$A_{ij,\mu\nu} = A_{\mu\nu,ij} \tag{4.8}$$

また，衝突の前後でエネルギーは保存されるから，エネルギー $\varepsilon_k$ ($k=i,j,\mu,\nu$) について

$$\varepsilon_\mu + \varepsilon_\nu = \varepsilon_i + \varepsilon_j \tag{4.9}$$

これらを考慮すると

$$\frac{dN_i}{dt} = -\sum_{j,(\mu\nu)} A_{ij,\mu\nu} N_i N_j (p_\mu \mp N_\mu)(p_\nu \mp N_\nu)$$
$$+ \sum_{j,(\mu\nu)} A_{\mu\nu,ij} N_\mu N_\nu (p_i \mp N_i)(p_j \mp N_j) \quad (4.10)$$

この式(4.10)を式(4.6)の $dN_i/dt$ に代入し，変型すると

$$\frac{dH}{dt} = -\sum_i \sum_{j,(\mu\nu)} A_{ij,\mu\nu} N_i N_j (p_\mu \mp N_\mu)(p_\nu \mp N_\nu) \ln \frac{N_i}{p_i \mp N_i}$$
$$+ \sum_i \sum_{j,(\mu\nu)} A_{\mu\nu,ij} N_\mu N_\nu (p_i \mp N_i)(p_j \mp N_j) \ln \frac{N_i}{p_i \mp N_i} \quad (4.11)$$

この式では $i$ と $j$ に関する粒子すべてについて加え合わせ，$(\mu\nu)$ の対についてもすべて加え合わせている．順序を代えて，$(ij)$ の対についてすべて加え合わせると，上式は

$$\frac{dH}{dt} = -\sum_{(ij)(\mu\nu)} A_{ij,\mu\nu} N_i N_j (p_\mu \mp N_\mu)(p_\nu \mp N_\nu)$$
$$\times \ln \frac{N_i N_j}{(p_i \mp N_i)(p_j \mp N_j)}$$
$$+ \sum_{(ij)(\mu\nu)} A_{\mu\nu,ij} N_\mu N_\nu (p_i \mp N_i)(p_j \mp N_j)$$
$$\times \ln \frac{N_i N_j}{(p_i \mp N_i)(p_j \mp N_j)} \quad (4.12)$$

となる．$(ij)$ の対と $(\mu\nu)$ の対とを入れ替えても同じ結果がえられるので，最終的には，

$$\frac{dH}{dt} = -\frac{1}{2} \sum_{(ij)(\mu\nu)} A_{ij,\mu\nu} N_i N_j (p_\mu \mp N_\mu)(p_\nu \mp N_\nu)$$
$$\times \left\{ \ln \frac{N_i N_j}{(p_i \mp N_i)(p_j \mp N_j)} - \ln \frac{N_\mu N_\nu}{(p_\mu \mp N_\mu)(p_\nu \mp N_\nu)} \right\}$$
$$- \frac{1}{2} \sum_{(ij)(\mu\nu)} A_{\mu\nu,ij} N_\mu N_\nu (p_i \mp N_i)(p_j \mp N_j)$$
$$\times \left\{ \ln \frac{N_\mu N_\nu}{(p_\mu \mp N_\mu)(p_\nu \mp N_\nu)} - \ln \frac{N_i N_j}{(p_i \mp N_i)(p_j \mp N_j)} \right\}$$
$$(4.13)$$

という式が導かれる．ここで，式(4.8)を考慮すると，上式は次式のように変型できる．

$$\frac{dH}{dt} = -\frac{1}{2} \sum_{(ij)(\mu\nu)} A_{ij,\mu\nu}[N_i N_j(p_\mu \mp N_\mu)(p_\nu \mp N_\nu)$$
$$- N_\mu N_\nu(p_i \mp N_i)(p_j \mp N_j)]$$
$$\times \ln \frac{N_i N_j(p_\mu \mp N_\mu)(p_\nu \mp N_\nu)}{N_\mu N_\nu(p_i \mp N_i)(p_j \mp N_j)} \tag{4.14}$$

当然のことながら，$A_{ij,\mu\nu} > 0$，また，量子力学的には，パウリの禁止原理から $p_i \geqq N_i$ のようになっているので，$N_i N_j(p_\mu \mp N_\mu)(p_\nu \mp N_\nu)$ は負にならない．したがって，式(4.14)は，形式的には，負号を除くと，

$$A(x-y) \ln \frac{x}{y}$$

とおけて，常に正か 0 となることがわかる．これから，$H$ 関数は常に

$$\frac{dH}{dt} \leq 0 \tag{4.15}$$

を満足する．このことは，式(4.2)を参照すれば

$$\frac{dS}{dt}\left(= -k\frac{dH}{dt}\right) \geq 0 \tag{4.16}$$

となり，フェルミ-ディラック統計，およびボーズ-アインシュタイン統計にしたがうシステムの場合でも，エントロピーは一般に増大することがわかる．

式(4.14)が 0，いい換えれば，$dH/dt = 0$ のとき，平衡の状態にあることになる．このとき，式(4.14)の右辺の対数の中の比が 1 でなければならないから，

$$\ln\frac{N_i}{p_i \mp N_i} + \ln\frac{N_j}{p_j \mp N_j} = \ln\frac{N_\mu}{p_\mu \mp N_\mu} + \ln\frac{N_\nu}{p_\nu \mp N_\nu} \tag{4.17}$$

となる．式(4.9)と上式をともに満足する解の形は

$$\ln\frac{N_i}{p_i \mp N_i} + \alpha + \beta \varepsilon_i = 0 \tag{4.18}$$

となるから，これより，$N_i$ について解くと

$$N_i = \frac{p_i}{e^{\alpha + \beta \varepsilon_i} \pm 1} \tag{4.19}$$

がえられる．分母の＋符号の場合が，フェルミ-ディラック分布，－符号の場合がボーズ-アインシュタイン分布を与える．

気体運動論において，$H$ 定理についてふれたが (1.2節)，この場合には平衡状態で，マクスウェル-ボルツマン分布に，気体分子はしたがっていた．式

(4.19)の場合も，熱平衡の状態における粒子分布を与えているのである．

マクスウェル-ボルツマン統計，フェルミ-ディラック統計，ボーズ-アインシュタイン統計のどの場合にあっても，$H$ 関数は時間とともに減少し，熱平衡の状態に至って $dH/dt = 0$ となる．$H$ 定理は，こんなわけで，時間の向きを与えることがわかる．エントロピーが増大する向きが，時間のすすむ向きを決定してしまうのである．この向きのことを，時間の矢としばしばよぶ．

式(4.2)に示したように，エントロピーは対象としたシステムがもつ乱雑さの度合を表す．したがって，エントロピーの時間変化は，この乱雑さが時間とともに増大することを示しており，エントロピーの増加が時間の経過に伴って起こることを明らかにしている．熱力学の第2法則はシステムの乱雑さが時間の経過とともに増加していくことを示したもので，熱力学的に時間の向きを指定していることになる．ここでは，このようにして決まる時間を，熱力学的時間とよんだのである．

熱エネルギーの発生を伴う自然現象は，エネルギーの散逸を必然的に伴っているので，現象の経過は常に非可逆的に起こる．このように，熱力学の第2法則は時間の向きを指定しているのである．自然界では，エネルギーの散逸を伴わないですすむ現象は，実際には存在しないので，宇宙をひとつのシステムとみなせば，エントロピーはこのシステムでも常に増大していることになる．ここから，宇宙の歴史について，ある重要な制限が課されることになるのである．

## ▷ 自然現象の発展と時間

熱力学的に平衡に達したシステムでは，エントロピー最大，いい換えればシステムのもつ乱雑さが最大の状態になっている．この状態のシステムでは，小さなゆらぎが観察されるだけで，乱雑さが完全に失われて，秩序ある状態が実現されることは，ほとんど期待しえない．例えば，硬貨を投げたとき，表か裏がでる割合について，50回の試行をした場合を考えてみよう．このとき，表が50回続けてでる確率は $2^{50}$ 分の1で，このようなことが起こることは，実際上，期待しえない．表が $n$ 回，裏が $(50-n)$ 回でる確率は，${}_{50}C_n(1/2)^n(1/2)^{50-n}$ で，$n = 0, \cdots, 50$ のそれぞれについて，加え合わせた場合は，2項分布となるから，

## 4.2 熱力学的時間と宇宙論的時間

$$1 = \sum_{n=0}^{50} {}_{50}C_n \left(\frac{1}{2}\right)^{50}$$

となる．この右辺の項の中で，最大となるのは $n = 25$ の場合，いい換えれば，表と裏が同じ回数ずつでる場合である．実際，この 2 項分布の平均 $\mu$ は

$$\mu = 50 \times \frac{1}{2} = 25$$

で与えられるし，標準偏差 $\sigma$ は

$$\sigma = \sqrt{50 \times \left(\frac{1}{2}\right)^2} = \sqrt{\frac{50}{4}}$$

$$= \frac{1}{2} \times (7.071) \cong 3.54$$

となる．この結果は，表や裏の出方にゆらぎがあっても小さく，せいぜい 4 回までということを示している．

次に，ここでエーレンフェスト（P. Ehrenfest）のつぼ（urn）あるいは，エーレンフェストの犬のみ（dog's flea）の問題として知られる問題について考えてみよう．前者についてなら，2 個のつぼと小球 50 個とをまず用意する．つぼは中が透けてみえる材質からできていて，つぼの片方に小球 50 個が余裕をもって中に収まる大きさだと仮定する．50 個の小球には，1 から 50 までの数字がつけられていて，重複する数字はないとする．

ここで，例えば，つぼに A，B と符号をつけて，つぼ A に最初 50 個すべて入れておく．このようにしておいて，1 から 50 までの数字を書きこんだ同じ大きさのカードを，十分にくって，ランダムに 1 枚抜きだし，その番号の小球を他のつぼに移す．最初はつぼ B には，小球がないからどんな数字がでても，つぼ A からつぼ B へ，1 個の小球が移ることになる．こうした動作を，順にくり返して続けると，最初の頃は，つぼ A に大部分の小球が入っているので，カードを引くたびに大抵の場合は，つぼ A の中の小球の数字に当たるから，小球は行きつ戻りつしながらも，つぼ B にある小球の数がふえていく．その様子は，図 4.4 のようになる．数多くの試行の後に，2 つのつぼ A，B に入っている小球の数は，それぞれ 25 に近いものとなっていることが予想される．このようになったあとでは，試行をくり返しても，どちらのつぼにも大体 25 付近の数の小球が入ることになる．その様子は図 4.5 に示すようになっている．

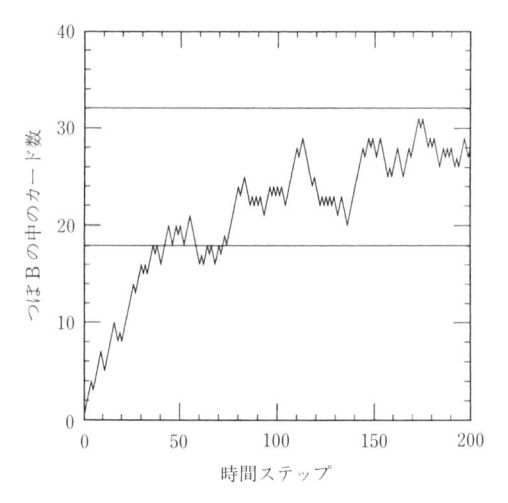

図4.4 エーレンフェストのつぼの問題における試行の初期におけるカードの移動パターン

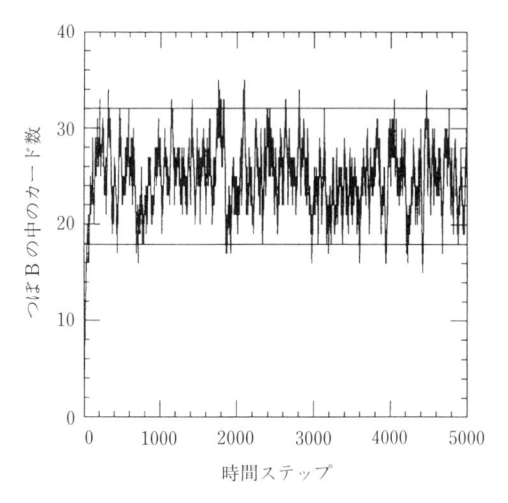

図4.5 図4.4でみた試行を1000回以上行った場合にみられるゆらぎ

この図4.5に示したような状態になったとき,つぼA, Bの2つにそれぞれ入る小球の数は,統計的には,$50 \times 1/2 = 25$ となり平均の数が計算から求まる.また,ゆらぎの大きさは,標準偏差 $\sqrt{50 \times 1/2^2} = \sqrt{12.5} \cong 3.54$ で与え

4.2 熱力学的時間と宇宙論的時間　　165

られるから，図 4.5 にみられたゆらぎの幅は，大よそ 21.5 から 28.5 の範囲になる．整数値で表すなら，21 から 29 の範囲ということになる．この最終状態ともいえる場合の，つぼ A に入っている小球の分布は，図 4.6 に示すように 2 項分布 B(50, 1/2) で近似できるようになっている．

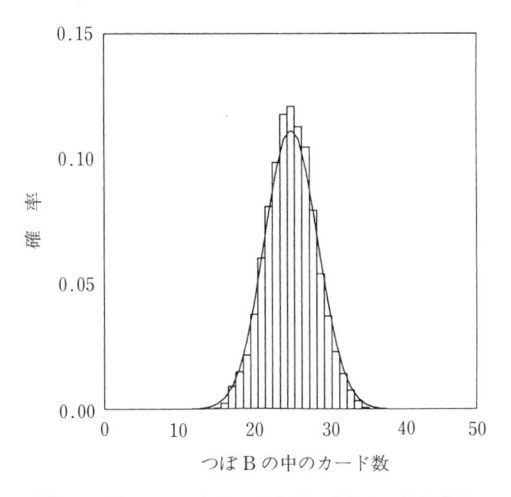

**図 4.6** 図 4.5 にみられたゆらぎの大きさの統計結果
正規分布となっている．

小球を 1 個ずつどちらかのつぼに移す動作が，例えば 1 秒かけてなされると仮定すると，図 4.6 から予想されるように 2 項分布で近似できるようになるには 200 秒ほどかかることになる．では，元の状態，つまり，つぼ A に 50 個の小球すべてが戻る確率は，1 回に小球 1 個の移動であるから，$2^{50}$ 分の 1 である．したがって $2^{50}$ 秒，つまり，約 $10^{15}$ 秒 ($3 \times 10^{7}$ 年) も，この試行を続ければ，1 回は，すべての小球がつぼ A に集まることがあることになる．50 枚のカードをくっては，1 枚抜くという動作には偶然が介在しているが，非常に長い時間がかかっても，最初の状態に立ち帰る確率は 0 ではない．この事実に基づいて，ロシュミットが，ここで示したような過程が，時間の矢を指定するものではないと指摘したのであった．

しかしながら，図 4.5 に示したように，2 つのつぼ A，B に入る小球がほぼ同数となるように，試行の結果はなる．また図 4.5 からみても，元の状態に戻ることなど確率的な面からほとんどありえない．実際，それぞれのつぼに小

球が 25 個ずつ入っている状態が,エントロピー最大の状態なのである.

式(4.2)より,エントロピー $S$ は,小球の数を $N$ とおくと

$$S = k \ln W = k \ln\left(N! \Big/ \left(\frac{N}{2}\right)! \left(\frac{N}{2}\right)!\right) \tag{4.20}$$

とおける.先の例では,$N=50$ である.スターリングの公式を適用すると,

$$\ln W \sim N \ln N - \frac{N}{2} \ln \frac{N}{2} - \frac{N}{2} \ln \frac{N}{2} - N + \frac{N}{2} + \frac{N}{2}$$

$$= -N\left\{\frac{1}{2} \ln \frac{1}{2} + \frac{1}{2} \ln \frac{1}{2}\right\} \tag{4.21}$$

なる関係が導かれる.これから,エントロピー $S$ は

$$S = -kN\left\{\frac{1}{2} \ln \frac{1}{2} + \frac{1}{2} \ln \frac{1}{2}\right\} \tag{4.22}$$

となる.$N$ が $N/3$,$2N/3$ の 2 つに分けられた場合には,エントロピー $S'$ は

$$S' = -kN\left\{\frac{1}{3} \ln \frac{1}{3} + \frac{2}{3} \ln \frac{2}{3}\right\} \tag{4.23}$$

となり,両エントロピーの間には,

$$S > S' > 0 \tag{4.24}$$

の関係があることがわかる.

係数 $Nk$ を除いて,式(4.22)を $S(1/2, 1/2)$,式(4.23)を $S(1/3, 2/3)$ とそれぞれ書き換えると,式(4.24)の不等式を

$$S\left(\frac{1}{2}, \frac{1}{2}\right) > S\left(\frac{1}{3}, \frac{2}{3}\right) > 0 \tag{4.24}'$$

と表すことができる.エントロピーは,2 つのつぼ A,B に小球の数が等しく分けられているときの方が大きいのである.これは,当然予想されることであった.

今みたような小球の分け方は任意に考えることができるから,分け方を $p_1$,$p_2$(ただし,$p_1 + p_2 = 1$)ととれば,エントロピー $S(p_1, p_2)$ は

$$S(p_1, p_2) = -kN\{p_1 \ln p_1 + p_2 \ln p_2\} \tag{4.25}$$

と表される.この方法は,$l$ 個の状態をもつ小区分された相互に弱い相互作用をもつシステムに直ちに拡張できる.$l$ 個の状態について,それらが実現される確率を $p_1, p_2, \cdots, p_l$ とし,このようなシステムが $N$ 個あるとすると,任意の状態 $i(i = 1, 2, \cdots, l)$ が実現する数は $Np_i$ ととれる.したがって,$N$ が $Np_1, Np_2, \cdots, Np_l$ に分けられる場合の数 $C$ は

$$C = \frac{N!}{(Np_1)! \times (Np_2)! \times \cdots \times (Np_l)!} \tag{4.26}$$

となる．スターリングの公式を用いて，$\ln C$ の近似式を求め，そのエントロピー $S(p_1, p_2, \cdots, p_l)$ を計算すると，

$$S(p_1, p_2, \cdots, p_l) = -kN \sum_{i=1}^{l} p_i \ln p_i \tag{4.27}$$

という結果がえられる．もし $p_1 = p_2 = \cdots = p_l = 1/l$ と等確率の場合には，上式は $S(1/l, 1/l, \cdots, 1/l) = \ln l$ となり，正規分布となる．このとき，エントロピーは実際には

$$S\left(\frac{1}{l}, \frac{1}{l}, \cdots, \frac{1}{l}\right) = k \ln l^N \tag{4.28}$$

と与えられる．

式(4.27)は，情報理論において定義される情報エントロピーと数学的な表現形式は同じであることに注意しておく．

ここでは，エーレンフェストのつぼの問題に関わる考察から，現象の時間的発展が，エントロピーが増加する向きに起こり，エントロピー最大の状態に達すると，それ以後は，ゆらぎの現象がみられるだけとなることを示した．時間がすすむ向きが，エントロピーが増加する向きとなっているのである．エーレンフェストの犬のみの問題は，つぼを犬に，また，小球をのみに置き換えればよい問題である．その際，2頭の犬の間をのみは自由にとび移れることを仮定している．

自然現象はどんなものでも熱エネルギーの発生を伴うので，エントロピーは常に増加する．このことは現象の時間発展にも，向きがあることを示す．理想的なシステムが想定できれば，エントロピーの生成が起こらないので，このときには，そこで生起する現象は，時間については可逆となる．ごく最近になって量子コンピューターの設計をめぐって，エントロピーの生成を伴わないシステムの可能性が論じられている．この可能性は，マクスウェルの魔の存在を予見させるので，現在，多くの研究者の関心をよんでいるが，このようなコンピューターが実現可能かどうかをめぐって，多方面から研究がすすめられるものと思われる．

## ▷ 宇宙論における時間

エーレンフェストのつぼの問題は，システムとしては，有限で閉じたものの例のひとつである．したがって，平衡の状態，いい換えれば，乱雑さが最大の状態に向かって，システムは時間とともに推移していき，この状態に到達した後は，ゆらぎがみられるだけとなる．この過程で，システムのエントロピーは0から，最大の状態に至って，熱力学的には平衡となる．

前節で考察したこのエーレンフェストの問題は，小球が50個でシステムとしては小さなものであった．気体運動論の例題としては，図4.7に示したように，容器の真中に仕切り板をつけて，気体分子の集団を，最初に片側に入れておき，この仕切り板を取り去ったときの気体の振舞いをみるというものがある．これも有限で閉じたシステムに関わった問題である．気体分子は，容器全体に広がり，最初の状態に戻ることは，経験上ありえない．仕切り板をとり去るものではなく，これに小さな穴をあけて，気体分子が自由に通り抜けられるようにした場合には，時間は長くかかるけれども，仕切り板の両側にある気体分子の数とその速度分布は，平衡に達したときにはほぼ同じになる．

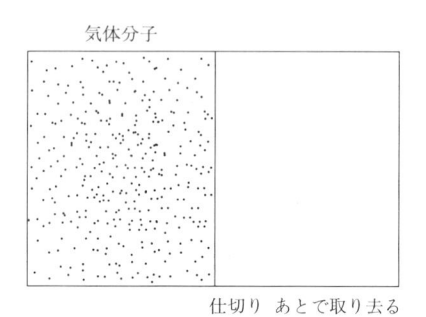

気体分子

仕切り あとで取り去る

図 4.7 容器の真中に仕切り板をつけ，片側に気体分子を入れた状態から，この仕切り板を外したときの，気体分子の移動をみる．

この小さな穴のところに，マクスウェルが想定した魔物（demon）がいたとしても，この平衡の状態を変えることは，システムのエントロピーの増加なしには不可能である．このことについては，3.3節で既に考察した通りである．

宇宙全体もひとつの熱力学的なシステムであると考えてよいから，もし有限

## 4.2 熱力学的時間と宇宙論的時間

で閉じていたとしたら,無限の時間の後には,熱力学的平衡の状態に達してしまっているであろう.宇宙が有限の時間をさかのぼったところで誕生したのだと仮定すると,この宇宙が有限で閉じたものであったとしたら,この平衡の状態,いい換えればエントロピー最大の状態に向かって現在変化していっており,やがて"熱力学的な死"の状態を迎えることになるはずである.熱力学的平衡の状態では,宇宙のあちこちでゆらぎがみられるだけで,進化のようなダイナミックな時間的に一方向きの変化は起こらない.

現在,宇宙の中では,この宇宙を構成する物質の集団である星々や銀河などが進化を続けている.まだ,熱力学的平衡に達していないし,近い将来に,この状態に達するような徴候もない.これから,宇宙の年齢は有限であること,また,このことは,宇宙には誕生の瞬間があり,それが有限の時間さかのぼった時点で起こっていることを示唆する.今,有限の時間といったが,この時間は現在の私たちが計測する時間の尺度からみたもので,宇宙の歴史とともに時間のすすみ方がちがっていたら,有限とは必ずしもいえないことになる.

この宇宙が無限の広がりをもち,その上で,静的(static)なものであったとしたときにも,熱力学的な死の到来が予想される.この場合には,19世紀初めに指摘された"オルバースのパラドックス"に関わった問題が生じる.星々が放射する光の強さは,距離の2乗に逆比例して弱くなっていく.星々が空間的に一様に分布していると仮定すると,地球からみた星々の空間分布の数は,地球からの距離の2乗で増加していく.したがって,光の強さの減り方と,星々の空間分布とから,地球へ届く光エネルギーの総量は無限大となってしまう.閉じて有限な場合でも,十分に大きければ,多分夜空は現在よりずっと明るいことであろう.

このオルバースのパラドックスは,宇宙の大きさが,閉じていて意外に小さいことを要請しているのか,あるいは,宇宙の年齢が非常に若く熱平衡の状態にまだ達していないことを示唆する.前者については,このようなことはなく,実際に宇宙の大きさは現在少なくとも140億光年以上あることがわかっている.後者については,現在,宇宙が膨張していることが,観測から明らかになっているので,星々などからの光の到来が遅れ,赤方変位を示すことから,このパラドックスはさけられる.

先にみた宇宙の熱的死は,この宇宙が膨張していることによりさけられる.

## コラム 11

### パスカルとフェルマー——確率論の起源

　確率論とよばれるようになった数学の分野が誕生するきっかけは，賭けゲームについて考えることから始まった．17世紀半ばに，『パンセ』ほかの著作で有名なパスカルが，友人のシュバリエ・ド・メレ（C. de Méré）から，途中で打ち切らねばならなくなった賭けゲームについて，賭け金の分配方法をたずねられ，それをみごとに解決したのが始まりだといわれている．その解決に当たって，パスカルは，ピエール・ド・フェルマーと何回か手紙を交わし，互いに問題の解法について論じている．

　2人の天才が，賭けごとをめぐって論じ合ったという歴史的な事実について知ること自体，非常に興味をそそられるが，後にパリにでてきたホイヘンスも，それに加わったという．もしかしたら，当時は，賭けごとが社交界でかなり頻繁になされていたのではないかと想像されるのである．こう考えたくなるのは，賭けごとに関わったいくつかの問題が，メレからパスカルにたずねられているからである．

　確率論に関する大著を世に問うたラプラスは，その著書の中で，「賭けのゲームについての考察から始まった科学が，人類の知識の最も重要な対象になったことは，まことに注目すべきことである」といっているが，この学問は，物理学上の多くの問題において，統計的手法が必要とされる場合に，大いに偉力を発揮していることはよく知られている通りである．

　先にふれたが，メレがパスカルにたずねた問題には，次にあげる2つが含まれていたといわれている．これらは，

問題1：2つのサイコロを何回か投げて，そのうちで少なくとも1回，どちらも6の目がでれば勝つゲームにおいて，何回投げれば勝つ見込みができるか

また，

問題2：あるゲームにおいて，A，Bの2人の実力が同じである場合に，何がしかの賭け金をだしてゲームを始めたが，途中で止めなければならなくなったときに，賭け金をどのように分けるのが公平か，例えば，3回先に勝った方が勝ちとするゲームのとき，第1回目にAが勝ったままで中止となった場合は，どのようにすればよいか

である．これらの問題が，パスカルとフェルマーが交わした手紙の中で論じられ，その解法が示されたのであった．

　まず，問題2について考えてみよう．この問題は分配問題と時によばれるもので，ランダム・ウォークに密接に関わっていることを，まず注意しておこう．AもBも勝つ確率は同じなので，それぞれ$p$，$q$とおくと，$p=q=1/2$となる．

ここで一般的に考えて，Aがまず$m$回勝つか，Bがまず$n$回勝つかで勝負がつくものとする．このとき，$(m+n-1)$回，ゲームを続ければ，勝負は決まるから，$s=m+n-1$ととったとき，Aが勝つためには，$s$回のうちで$m$回勝てばよいことになる．

ここで，A，Bが賭けに勝つ確率をそれぞれ$P_A$，$P_B$とおくと，

$$P_A = \sum_{r=m}^{s} {}_sC_r p^r q^{s-r} \tag{1}$$

$$P_B = 1 - P_A \left( = \sum_{r=n}^{s} {}_sC_r q^r p^{s-r} \right) \tag{2}$$

と表される．式(1)は，ランダム・ウォークで，$r=m$に当たる点（点0の右側）にやって来たブラウン粒子を吸収する壁をおいた場合に相当する確率を与える．また，$P_B$はその反対側（点0の左側）の$r=n$のところに，同様の壁がある場合の確率を与える．

問題2では，Aが1回勝ったままで中止となったのだから，$p=q=1/2$で，$m=2$，$n=3$の場合に当たる．したがって，

$$P_B = \frac{4!}{3!}\left(\frac{1}{2}\right)^4\left(1+\frac{1}{4}\right) = \frac{5}{16}$$

また，

$$P_A = 1 - P_B = \frac{11}{16}$$

がえられる．この結果は，賭け金の分配が，A，Bに対して11対5の比でなされれば，公平であることを示している．

問題1は，本書で扱っている主題とは直接関わらないが，パスカルが扱ったという歴史的な興味もあるので，ここでとりあげてみよう．この問題は，ある確率$p$で起こる事象（event）$E$を$n$回くり返したときに，少なくとも1回，事象$E$が起こる確率を求めることに関わる．したがって，事象$E$が起こらない，つまり，余事象$\bar{E}$が起こる確率$q$は，$q=1-p$で与えられる．事象$\bar{E}$が$n$回続いて起こる確率は，$(1-p)^n(=q^n)$で与えられるから，$n$回試行のうち，少なくとも1回，事象$E$が起こる確率$P$は

$$P = 1 - (1-p)^n \tag{3}$$

と求まる．

上式(3)から，$n$を求めると

$$n = \frac{\log(1-P)}{\log(1-p)} = \log\left(\frac{1}{1-P}\right) \Big/ \log\left(\frac{1}{1-p}\right) \tag{4}$$

勝つためには，$P>p$でなければならないから，

$$m \leq \log\left(\frac{1}{1-P}\right) \Big/ \log\left(\frac{1}{1-p}\right) < m+1$$

となる自然数 $m$ をとると，$n=m+1$ で初めて，$n$ 回のうちで少なくとも 1 回は，$E$ が起こる確率が $P$ より大きくなる．したがって，2 つのサイコロを $n$ 回投げて，少なくとも 1 回は，$(6,6)$ と目がでて勝つには，少くとも $n=25$ でなければならない．$p=1/36$，$P=1/2$ であるから，確かに

$$\log\left(\frac{2}{1}\right)\bigg/\log\frac{36}{35} = 24.60\cdots \tag{5}$$

となっている．

パスカルがメレから依頼されて解いた問題 1 と問題 2 は，賭けゲームに関わったものだが，問題 2 では，${}_nC_r(n \geq r)$ で表される組み合わせ計算がでてくる．パスカルはこれが $(a+b)^n$ で表される多項式の係数となっていることを示し，パスカルの三角形として，現在知られている結果を導いたのであった．2 項分布の係数が，この組み合わせ ${}_nC_r(n \geq r)$ で表せるのである．$a$, $b$ がそれぞれ互いに余事象となる確率 $p, q$ を表すとすると，$p+q=1$ で，2 項分布は

$$1 = \sum_{r=0}^{n} {}_nC_r p^r q^{n-r} \tag{6}$$

で与えられる．

エントロピーの棄て場が，この膨張により常に用意され続けているからである．宇宙が静的であったとすると，ニュートンが指摘したように，重力の作用により宇宙が現在みられるような状態で存続することは不可能である．神の一撃とニュートンが想定したような作用により，星々や銀河は重力に抗って飛び散っていっていなければならない．宇宙の膨張は，この重力の作用に抗って起こっているのである．

宇宙には，このように誕生の瞬間があり，それからまだ有限の時間しか経っていないのである．この時間のすすむ向きは一方向きであり，これが宇宙の進化を起こすのである．宇宙の背景放射は，現在 3 K と非常に低くなっているが，他方で太陽のように自ら輝く星々とそれらが形成する銀河があって，未だに宇宙には熱平衡からはるかに離れたシステムが存在していることを示している．宇宙全体は，今でも非平衡の状態にあり，その原因は重力の作用にある．

星々は究極的には重力の作用により，核エネルギーを解放しつつ進化を続けている．このエネルギーは電磁放射として，外部空間へと放出されていくが，このエネルギーは，宇宙の膨張のために，平衡に到達することがない．宇宙自体の進化は，この宇宙が膨張しているがために可能となっているのである．こ

のことは，既にみたように，宇宙が誕生してからの年齢が有限の大きさであることを示す．したがって，この宇宙の進化の過程の中で起こった地球上の生命の進化も，有限の長さの時間の中でのできごとだということになる．

宇宙論を研究する道具は，マクロな世界では，アインシュタインが建設した一般相対論が妥当すると考えられているが，ミクロな世界に対しては，量子力学が研究のための手段を用意する．前者は，この宇宙の構造に対し，時間と空間の枠（フレーム）を与える．このことから，時間と空間は宇宙の進化の中で形成され，拡大していくことが予想される．時間と空間は，宇宙の誕生とともに創造されたのである．ここからも，宇宙の年齢が有限であることが明らかである．

## 4.3　エントロピーと時間──情報理論との関わり

星の内部構造や輻射輸送などの理論的な研究を通じて，天体物理学の基礎を確立したエディントン（A. S. Eddington）は，熱力学の第2法則，いい換えれば，エントロピー増大の法則を，自然の最高の法則（the supreme law of Nature）といったという．この法則の表現には，時間が必然的に考慮されていて，エントロピーが時間の経過に伴って増大するといっている．時間のすすむ向きを，エントロピーの変化が決定してしまうことを，この法則が示しているのだと考えられる．

エントロピーは，ボルツマンの$H$関数と密接に関係していて，この関数をフェルミ-ディラック統計，ボーズ-アインシュタイン統計の2つに対して求めたとき，この関数はやはり，時間とともに減少していき，結果として，エントロピーの増大を導く．

この$H$関数はマクスウェル-ボルツマン統計の場合には，対象としたシステムのもつ乱雑の度合の対数（$e$を底とする）で与えられた（前節を参照）．この乱雑の度合はシステム内で実現が期待される状態の数に関わっている．ある状態が実現する確率は，したがって，この状態の数によって決まることになる．

熱力学の第2法則に関わるエントロピーが，情報理論における情報伝達の不確定さに対応した表現形式に用いられることが，クロード・シャノン（C. Shannon）によって，1948年に確立された．ここから，情報理論（information theory）とよばれる重要な分野が通信理論に生まれたのであった．情報伝達の際に介在する雑音の作用を，エントロピーの概念を用いることにより，情報そのものの概念も規定されたのであった．

▷ エントロピーの概念

エントロピーは，対象としてとりあげた閉じた有限のシステムがもつ乱雑さの度合を表す物理量で，その表現式は，式(4.27)で与えられる．ここで $N$ は，気体の場合ならシステムに含まれる気体分子数である．したがって，エントロピー $S$ は，次式のように表されていた．

$$S = -Nk\sum_{i=1}^{N} p_i \ln p_i \tag{4.29}$$

この式を変型すると

$$S = -k\sum_{i=1}^{N} \ln p_i^{Np_i}$$
$$= -k\ln(p_1^{Np_1} \cdot p_2^{Np_2} \cdot \cdots \cdot p_N^{Np_N}) \tag{4.29}'$$

となる．気体分子の場合には，$p_1 = p_2 = \cdots = p_N(= p_0)$ の関係が成り立つとしてよいし，上式は，$\sum_{i=1}^{N} p_i = 1$ であるから

$$S = -k\ln p_0^N$$

となることが示されるので，気体分子が容積 $V_0$ の容器中に収められているときには，$p_0 = 1/V_0$ としてよい．それゆえに，エントロピーは

$$S = k\ln V_0^N \tag{4.30}$$

と表される．この式は，$N$ 個の気体分子が容器いっぱいに広がって乱雑に運動している場合のエントロピーを表す．

気体分子が，いろいろな状態をとる確率 $p_i$ については

$$\sum_{i=1}^{N} p_i = 1 \tag{4.31}$$

が，また個々の気体分子のもつ運動エネルギー $\varepsilon_i (i=1, 2, \cdots, N)$ とすると

$$\sum_{i=1}^{N} \varepsilon_i p_i = E(= 一定) \tag{4.32}$$

となる．$E$ はシステムの全エネルギーである．

式(4.31)より

$$\sum_{i=1}^{N} \delta p_i = 0 \tag{4.33}$$

また，式(4.32)より，

$$\sum_{i=1}^{N} \varepsilon_i \delta p_i = 0 \tag{4.34}$$

の2式がえられる．式(4.27)より，エントロピーについては

$$\sum_{i=1}^{N} \{\ln p_i + 1\} \delta p_i = 0 \tag{4.35}$$

が求まる．今求めた3式(4.33)，(4.34)，(4.35)について，ラグランジュの未定係数法にしたがい，式(4.33)に定数($-\alpha$)を掛け，式(4.34)に定数$\beta$を掛けて，辺々に加え合わせると

$$-\alpha + \beta \varepsilon_i + \ln p_i + 1 = 0 \tag{4.36}$$

が求まる．この式を$p_i$について解くと，

$$p_i = e^{(\alpha-1) - \beta \varepsilon_i} \tag{4.37}$$

がえられる．上式を$i$について加え合わせると

$$1 = \sum_{i=1}^{N} p_i = e^{(\alpha-1)} \sum_{i=1}^{N} e^{-\beta \varepsilon_i} \tag{4.38}$$

この式から

$$e^{\alpha-1} = \frac{1}{\sum_{i=1}^{N} e^{-\beta \varepsilon_i}} = \frac{1}{z}$$

という関係がえられるから，$p_i$について，

$$p_i = \frac{e^{-\beta \varepsilon_i}}{z} \tag{4.39}$$

という表現が導かれる．このような表現形式は，ギッブス(J. W. Gibbs)分布とよばれている．エントロピー最大の状態では，気体分子の分布則が，式(4.39)にしたがうのである．気体分子の集団の温度$T$と$\beta$との間には，$\beta = 1/kT$の関係が成り立つことについては，1.2節でふれた通りである．

### ▷エントロピーと時間

エントロピーは，式(4.29)のように表される．このとき，4.2節で考察したように，$p_i(i=1,2,\cdots,N)$がすべて等しい場合のエントロピーが，$p_i$が互いに異なる場合に比べて最大となる．このことは，完全な無秩序の状態にシステ

ムがなったときに，熱力学的に平衡に達し，エントロピー最大となったことを示す．

　閉じて有限なシステムは，時間の経過とともに，秩序状態が崩れ無秩序の状態へと移行する．時間は，エントロピーが増大する向きに過ぎていくのである．この問題については，1.2 節および前節で，マクスウェル-ボルツマン統計，フェルミ-ディラック統計，ボーズ-アインシュタイン統計の 3 種の統計に関わる $H$ 定理にふれたときに，既に詳しく考察し，エントロピー増大が時間の経過に必然的に伴っていることを示してある．

　しかしながら，開いたシステム，いい換えれば，エネルギーの出入が，システムの外部との接触を通じてある場合には，システム内のエントロピーが減少することがある．このときには，システムにおける乱雑さの度合が減り，秩序化されていく．開いたシステムでは，生成されたエントロピーがシステムの境界を通じて，システムの外部に失われるのでシステムの秩序が維持される．

　例えば，太陽は重力エネルギーを，この天体を作る物質の熱エネルギーに変換しながら，熱力学的な平衡状態を維持している．熱エネルギーによるガス圧および輻射圧から生じる外向きの力が内向きの重力と釣り合って，ガス球を形成，この場合は，太陽となっている．この熱エネルギーが，太陽の中心部で，熱核融合反応による核エネルギーの解放を導く．この熱エネルギーが生みだしたエントロピーは，その大部分が，電磁放射として外部空間へと放出される．太陽の周囲に広がる虚空が，開いた空間を用意し，そこがエントロピーの棄て場となっているのである．

　開いたシステムでは，その内部でエントロピーが時間とともに減少するか，定常に維持されるが，システムの外部まで含めて考えれば，エントロピーは常に増加していくのである．エントロピー増大の法則が，この宇宙で最も深遠な法則であるというふうに，エディントンがのべたのは，この法則が宇宙そのものにも成り立つことを考慮してのことであろう．

　自然現象は，どのようなものであっても，エントロピーの増大を必ず伴う．この増大が時間の向きを決める．したがって，エントロピーに変化が生じることのないシステムは，熱力学的な平衡な状態にあり，時間的な発展は起こらない．このような平衡な状態にあっては，この状態からのずれが，ゆらぎとして起こるだけなのである．

## ▶ 情報理論とエントロピー

　情報（information）といういい方は，私たちの日常生活で頻繁に使われているが，その厳密な使い方については即座に答えられない．意味を限定した情報の定義は，通信理論の研究に基づいて，シャノンによって初めて与えられた．その時，情報量と熱力学において用いられるエントロピーの概念とのみかけの類似性が指摘された．

　ここで一例として，中がすけてみえない不透明なつぼの中に，赤と白の玉が，それぞれ1個ずつ入れてあった場合について考えてみよう．玉1つとりだして初めてそれがどちらの色か確定するわけだが，とりだす前の状態では，とりだしたとき，どちらの色の玉になるかはわからない．とりだしたとき，赤い玉になるか，白い玉になるかの確率は，それぞれ1/2であり，とりだしたあとでは，どちらの色の玉か確定してしまうので，確率は1ということになる．

　この例から，情報とは，確率の小さいものから大きいものへと変える働きをするあるものだといってよいのではないかと推測される．こんなわけで，情報を量的に表現するには，この確率の変化を用いたらよいのではないかと考えられることになろう．このような観点から，情報量として，次のように定義してみよう．情報は受けとったり，あるいは，発信したりするものであるから，例えば受けとった（受信した）情報量を

$$\text{受信した情報量} = \log_2\left(\frac{\text{情報を受けた後の事象の確率}}{\text{情報を受ける前の事象の確率}}\right) \quad (4.40)$$

と定義する．ここで，対数表示を用いたのは，エントロピーの概念との関わりを考慮してのことである．また，底を2ととったのは，先の例で2つの場合のうち，どちらかをとりだすという2進法に関わることがらについてとりあげたためである．通信理論やコンピュータでは2進法が採用されているので，実用面との関わりも考慮されている．

　情報の伝達が正確な場合には，情報を受けた後の事象の確率は1であるから，式(4.40)において

$$\text{受信した情報量} = -\log_2(\text{情報を受ける前の事象の確率}) \quad (4.41)$$

となる．

　先にとりあげた，赤と白の2つ玉の例では，この確率は1/2であるから，受

信した情報量は $-\log_2(1/2)=1$ となる．対数の底を2ととったときの情報量の単位をビット（bit）と定義する．これは binary digit を縮約した用法である．

先の例では，したがって

$$情報量 = -\log_2 \frac{1}{2} = \log_2 2 = 1 \text{ ビット}$$

となる．このことから，1ビットとは2つの同じように確からしい場合のどちらかが選択されたことを知ってえられる情報量だといってよいことになる．こんなわけで，情報量の大小は不確定さが解消される度合によって測られるのである．ここから，情報量に対し，エントロピーという概念を用いるというアイデアがでてくる．

今ここで，情報の伝達に用いられる文字列をとりあげてみよう．文字の数が $l$ 個あるものとし，そのおのおのが使用される頻度，いい換えれば，発生確率を $p_1, p_2, \cdots, p_l$ とおくと，個々の文字の発生によってえられる情報量は，式(4.41)より $-\log_2 p_i (i=1, 2, \cdots, l)$ である．これら $l$ 個の文字の中からある文字が発生するとき，どれくらいの情報量が平均してえられるかについては，それぞれの文字の確率を掛けて加え合わせると求められる．この情報量を $S$ とおくと，

$$S = -p_1 \log_2 p_1 - p_2 \log_2 p_2 + \cdots - p_l \log_2 p_l$$
$$= -\sum_{i=1}^{l} p_i \log_2 p_i \qquad (4.42)$$

となる．このようにして求められた $S$ をエントロピーとよぶ．熱力学におけるエントロピーと同様に，情報理論における情報量として，このエントロピーを用いる．

式(4.40)により定義した情報量と，先に定義したエントロピー $S$ とのちがいは，この情報量が文字の発生からえる情報量そのものを与えているのに対し，エントロピー $S$ は，全体の中から何が発生するかに無関係に，ある文字が発生するとき，平均してどれほどの情報量がえられるかを決めることにある．実際の通信においては，情報の伝達は十分に長い文字の列によってなされるのだから，個々の文字の情報量に比べて，1文字当たりの平均情報量の方が，実際的にはより重要となる．例えば，英語のアルファベットの場合には，

単語の中に文字順で必ず現れる文字もあり，文字が発生する確率は相互に大きく異なっている．

エントロピー $S$ は，式(4.42)からわかるように，負になることはない．また，エントロピー $S$ は物理的に表現すれば，システムの乱雑さの度合を表すので，$(-S)$ は"非"乱雑さを表す示標となる．いい換えれば，システムについて失われる情報量を与えることになる．この情報量を $I$ と示すと，エントロピー $S$ との間には，次のような関係がある．

$$I = -S \tag{4.43}$$

情報理論において定義されるエントロピーは，式(4.42)で与えられるが，物理学におけるエントロピーは，式(4.29)に示したように，$Nk$ という関数が掛かっている．気体運動論におけるエントロピーについては，式(4.29)から式(4.30)が導かれる．

情報は，通信理論においてのみ重要なのではなく，生物学においては，遺伝情報の伝達や，細胞内におけるタンパク質の合成における情報など，重要な役割を果たしている．

---

**コラム 12**

**生物学的時間と物理学的時間**

物理学的な対象の変化を記述する際に現れる時間は，対象によってその性格がちがうようなことは起こらない．対象ごとに時間を測る基点は，とりあげた座標系ごとにちがってくるが，すすみ方については，相対論的な効果を考慮するだけでよい．その際，各座標系に対し，時間を測る単位や基準は決められているのである．その上で，対象の変化に関わる時間的な推移は決定論的である．物理学的な時間にみられるこのような性格のために，物理学自体の普遍性が保持されてきたのである．

物理学的な対象に用いられる時間は，宇宙そのものに関わるマクロなものから，素粒子のようなミクロなものにまでわたって，共通の計時法と単位とで適用されるので，対象がひき起こす変化の時間スケールが，直接比較できることになり，ここでは，時間の普遍化がなされている．

ところが，生物学的な時間は，今のべたような普遍性を持ちえない．生物種によって，時間を測る基準がちがっているのである．エネルギー消費率は，生物種がもつそれぞれの構造や機能によって異なっており，その結果として，時間の経

過の仕方が大きくちがってきて，一生の長さにも大きな相違がでてくることになる．また，必要な事態が生じない限り，生命としての諸活動を全然行わず，いわば仮死状態のままで，私たちの時間スケールで何年もすごすものさえいる．こんなわけで，生命に対しては，共通した時間を考えることが，ほとんど不可能なのである．

生命現象に関わるいわゆる生物学的な時間は，生命に固有な誕生，成長，そして死といった一連のできごとと因果的に関わっているので，この時間は非可逆である．個体としての生命には，宇宙そのものや，個々の星と同様に始まりがある．

生命現象にみられる進化は，世代間を通じての遺伝情報の伝達における不完全性と密接に結びついており，生命のパターン，つまり，表現型が世代を通じて非可逆的に変化していくことから起こる．しかも，この不完全性には合目的性は全然なく，完全に無目的であり，その上で，後戻りができないという性質まで付与されている．

情報理論と対比するならば，生命における進化の過程は，エントロピーの増大を伴う．進化がひき起こす構造や機能の多様化は，遺伝情報における変異がもたらす複雑さ，あるいは，乱雑さの増加に伴う情報量の増大，つまり，この情報量に関わるエントロピーの増大によってひき起こされる．

このような進化の過程から，現在みられるような生物種の多様化がもたらされた．進化が時間の経過の中で起こっていることを考慮すれば，生命は時間発展性をもつことになる．進化の機構が無目的なものであることを考慮すれば，究極の姿というものを予想することは不可能である．

しかしながら，他方で，宇宙の年齢が無限で，始まりについて考えることが無意味だったとしたら，この宇宙のどこかで，生命にみられる多様性の発展も無限の時間続いてきたことになる．そうだとすると，地球人などよりはるかに進んだ知的生命，ETIが存在していて，地球に飛来している可能性もあることになる．地球の形成が，46億年前という有限の過去までしかさかのぼれないことからみて，地球上の生命は有限の時間の歴史しかもたない．

この宇宙は，その有限な時間にわたる進化の結果として，今日みられるような姿のものになっている．生命は，この宇宙の歴史の中で起こった物質におけるある種の組織化の結果として存在している．宇宙は，観測から明らかなように，熱力学的な平衡から非常に離れた状態にある．星々の存在はその証拠である．個体としての生命も，やはり熱力学的には非平衡な存在である．このことが，実は生きていることの証しであって，生命活動を可能としているのである．

このことと関わって奇妙に感じられるのは，生命の存在が，生命を包む環境自体が熱力学的に平衡から遠くはずれていて，初めて可能なのだという厳粛な事実

である．エントロピー最大の状態，つまり，熱平衡の状態の下では，生命の存在は不可能なのである．宇宙が熱平衡の状態に向かって進化しているのだとすると，生命の歴史にも終焉があることになる．

　宇宙は有限の過去に誕生した．このことに関連して，宇宙の歴史が今後，無限に続いていくと想定することは，かなり難しい．現在いわれているように，終末のときがあるのだとしたら，この宇宙から歴史を刻む時間がなくなってしまっているのであろう．

# 終章

# 未来への展望

　物理学的な統計現象の研究法について，カオス，あるいは，フラクタルとよばれる現象にも注目しながら，今までのべてきた．ごく最近になって，self-organized criticality とよばれる自己組織化に伴う臨界現象が注目されるようになった．このような現象は砂山崩れのような身近なものから，宇宙物理的な超マクロなものに至るまで，時間，空間のあらゆるスケールにわたって，みられることがわかっている．これらの現象は，時間の推移との関係でみると，非可逆であって，現象にとってはいわば進化の過程なのだといってよい．

　物理学上の統計現象として，時間発展性が関わったものとして，ブラウン運動がこの本でもとりあげられ，確率過程との関連で，かなり詳しく考察された．この運動も実は非可逆過程なのである．これは，時間的には一方向きに発展してゆく，熱力学的な非平衡の現象である．宇宙物理学上の高エネルギー現象も，すべてが非熱的（non-thermal）に起こるもので，やはり，熱力学的には非平衡の現象である．宇宙線のエネルギー・スペクトルの指数は，見方によってはフラクタル次元の一例で，その形成には，非熱的な過程が本質的な役割を果たしている．

　このような観点から，物理学的な統計現象を見直すと，今までみえていなかった自然界が織りなすふしぎな世界がみえてくるように感じられる．かつてあらゆる物理現象が，時間的には可逆的な記述となる微分方程式で表せるように工夫されたが，コンピューターによる計算技術の進歩に伴って，非線型過程の研究が自由となり，カオスやフラクタルの現象が自在に研究できるように，現在ではなっている．それとともに，時間的な因果関係が必ずしも成り立たない現象がいろいろとあることがわかり，確実性の終焉さえ話題となるようになっ

た．ここでは，現象は時間的に一方向きにすすむ非可逆なものとなる．

このような事態は，時間という概念にも変更を迫り，自然界に生起する諸現象を見直す契機となっている．この本で，このような新しい動きについて，どれほど深く語れたかについては，この本を手にされた方々の判断に委ねなければならないが，物理学の基本的な成立基盤が，現在変更を迫られつつあることは確実である．学問の発展とは，多分現在のような事態の出来と推移とに関わって起こることなのであろう．

この本でとりあげられた話題は，物理学のかなり広い範囲にわたっているが，それらを統一的にみたとき，ごらんのような行き方も，ひとつの立場として考えられるであろう，というのが著者の考えである．物理学自体，この章の最初にふれたような臨界現象の考察から始まって，現在，大きく変わろうとしているのである．

物理学だけでなく，自然科学とよばれる学問は，観察や実験に基づいて自然界を構成する物質の基本構造を明らかにし，それらが作りだす多種多様な現象の成り立ちを明らかにしていくことを目的としているので，常に進歩していく学問なのである．大発展への突破口 (breakthrough) が，どこからでてくるか，なかなか見えないが，誰かにより発見の緒口がみつけられると，それまで全然見えていなかった世界が新たに見えてくる．自然科学とは，このような点からみると，大変ふしぎな面白い学問なのである．

# さらに学ぶための手引き

　本書で語られたことがらは多岐にわたっているだけでなく，それらの間にひと筋の論理が貫いているわけでもない．しいていえば，物理学における統計的な方法が，ランダム過程を中心に据えて語られているということになる．

　こんなわけで，何らかのテキストか専門書が，実はあるわけではないので，さらに学ぶためにどうしたらよいかといったら，本書で語られた話題について，自分で面白く感じ，もっと深く勉強してみようと関心をよび起こされたものがみつかったとき，それについて自分で書物や文献をみつけて学んでみる，これが本来の勉強なのである．

　この頃では，カオスやフラクタルに関連した書物は，日本語でも数多く出版されていて，勉強するのに困らない．また，ブラウン運動とそれに関わった話題についても，よい本がいくつか日本語で出版されている．このような点に配慮し，ここでは物理学における統計的方法と確率論的取り扱いに関する書物をいくつかあげておく．日本語で書かれてないものが多いが，研究の第一線に立てば，日本語の文献を読む機会など，事実上ほとんどない．研究成果も，英文など外国語で公表しなかったら誰もまず読んでくれない．外国語で書かれたものに早くからふれることは，将来のためによいことだといってよいであろう．

1. 伏見康治：確率論及び統計論，河出書房 (1942).
2. 河田竜夫：初等確率論，中文館 (1949).
3. 飛田武幸：ブラウン運動，岩波書店 (1974).
4. F. Reif : Fundamentals of Statistical and Thermal Physics, McGraw-Hill (1985).
5. W. Feller : An Introduction to Probability Theory and Its Applications, vol. 1 (3rd ed.), J. Wiley (1968).
6. P. Bak : How Nature Works, Springer (1996).
7. G.J. Babu and E.D. Feigelson : Astrostatistics, Chapman & Hall (1996).
8. N. Wax (ed.) : Selected Papers on Noise and Stochastic Processes, Dover (1954).
9. R. von Mises : Probability, Statistics and Truth, G. Allen and Unwin (1957).
10. D'Arcy W. Thompson : On Growth and Form, Dover (1992).

11. N.G. van Kampen : Stochastic Processes in Physics and Chemistry, North-Holland (1992).
12. R.G. Sachs : The Physics of Time Reversal, University of Chicago (1987).
13. J.R. Taylor : An Introduction to Error Analysis (2nd ed.), University Science Books (1997).
14. M. Kac : Probability and Related Topics in Physical Sciences, Interscience (1959).
15. H.S. Leff and A.F. Rex (eds.) : Maxwell's Demon : Entropy, Information, Computing, Princeton University (1990).
16. P.C.W. Davies : The Physics of Time Asymmetry, University of California (1974).
17. J.L. Doob : Stochastic Processes, J. Wiley (1953).
18. M. Kac : Statistical Independence in Probability, Analysis and Number Theory, Amer. Math. Soc. (1959).
19. P. and T. Ehrenfest : The Conceptual Foundations of the Statistical Approach in Mechanics, Dover (1990).
20. K. Ito and H.P. McKean : Diffusion Processes and Their Sample Paths, Springer (1965).

# 付録 正規分布

$$\phi(z) = \int_z^\infty \frac{1}{\sqrt{2\pi}} e^{-x^2/2} dx \text{ の値}$$

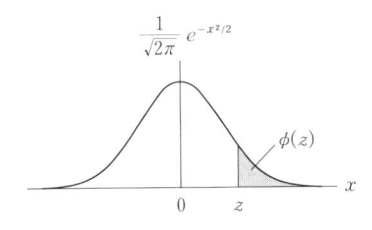

陰影部の面積が $\phi(z)$ の値である

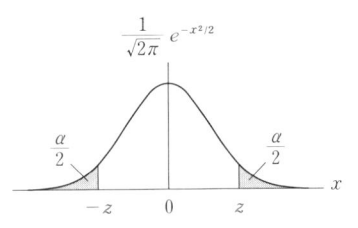

陰影部の面積の和が $\alpha$ となる $z$ の値

| $\alpha$ | $z$ |
|---|---|
| 0.01 | 2.576 |
| 0.02 | 2.326 |
| 0.05 | 1.960 |
| 0.10 | 1.645 |
| 0.20 | 1.282 |

| $z$ | 0 | 1 | 2 | 3 | 4 | 5 | 6 | 7 | 8 | 9 |
|---|---|---|---|---|---|---|---|---|---|---|
| 0.0 | 0.5000 | 0.4960 | 0.4920 | 0.4880 | 0.4840 | 0.4801 | 0.4761 | 0.4721 | 0.4681 | 0.4641 |
| 0.1 | 0.4602 | 0.4562 | 0.4522 | 0.4483 | 0.4443 | 0.4404 | 0.4364 | 0.4325 | 0.4286 | 0.4247 |
| 0.2 | 0.4207 | 0.4168 | 0.4129 | 0.4090 | 0.4052 | 0.4013 | 0.3974 | 0.3936 | 0.3897 | 0.3859 |
| 0.3 | 0.3821 | 0.3783 | 0.3745 | 0.3707 | 0.3669 | 0.3632 | 0.3594 | 0.3557 | 0.3520 | 0.3483 |
| 0.4 | 0.3446 | 0.3409 | 0.3372 | 0.3336 | 0.3300 | 0.3264 | 0.3228 | 0.3192 | 0.3156 | 0.3121 |
| 0.5 | 0.3085 | 0.3050 | 0.3015 | 0.2981 | 0.2946 | 0.2912 | 0.2877 | 0.2843 | 0.2810 | 0.2776 |
| 0.6 | 0.2743 | 0.2709 | 0.2676 | 0.2643 | 0.2611 | 0.2578 | 0.2546 | 0.2514 | 0.2483 | 0.2451 |
| 0.7 | 0.2420 | 0.2389 | 0.2358 | 0.2327 | 0.2296 | 0.2266 | 0.2236 | 0.2206 | 0.2177 | 0.2148 |
| 0.8 | 0.2119 | 0.2090 | 0.2061 | 0.2033 | 0.2005 | 0.1977 | 0.1949 | 0.1922 | 0.1894 | 0.1867 |
| 0.9 | 0.1841 | 0.1814 | 0.1788 | 0.1762 | 0.1736 | 0.1711 | 0.1685 | 0.1660 | 0.1635 | 0.1611 |
| 1.0 | 0.1587 | 0.1562 | 0.1539 | 0.1515 | 0.1492 | 0.1469 | 0.1446 | 0.1423 | 0.1401 | 0.1379 |
| 1.1 | 0.1357 | 0.1335 | 0.1314 | 0.1292 | 0.1271 | 0.1251 | 0.1230 | 0.1210 | 0.1190 | 0.1170 |
| 1.2 | 0.1151 | 0.1131 | 0.1112 | 0.1093 | 0.1075 | 0.1056 | 0.1038 | 0.1020 | 0.1003 | 0.0985 |
| 1.3 | 0.0968 | 0.0951 | 0.0934 | 0.0918 | 0.0901 | 0.0885 | 0.0869 | 0.0853 | 0.0838 | 0.0823 |
| 1.4 | 0.0808 | 0.0793 | 0.0778 | 0.0764 | 0.0749 | 0.0735 | 0.0721 | 0.0708 | 0.0694 | 0.0681 |
| 1.5 | 0.0668 | 0.0655 | 0.0643 | 0.0630 | 0.0618 | 0.0606 | 0.0594 | 0.0582 | 0.0571 | 0.0559 |
| 1.6 | 0.0548 | 0.0537 | 0.0526 | 0.0516 | 0.0505 | 0.0495 | 0.0485 | 0.0475 | 0.0465 | 0.0455 |
| 1.7 | 0.0446 | 0.0436 | 0.0427 | 0.0418 | 0.0409 | 0.0401 | 0.0392 | 0.0384 | 0.0375 | 0.0367 |
| 1.8 | 0.0359 | 0.0351 | 0.0344 | 0.0336 | 0.0329 | 0.0322 | 0.0314 | 0.0307 | 0.0301 | 0.0294 |
| 1.9 | 0.0287 | 0.0281 | 0.0274 | 0.0268 | 0.0262 | 0.0256 | 0.0250 | 0.0244 | 0.0239 | 0.0233 |
| 2.0 | 0.0228 | 0.0222 | 0.0217 | 0.0212 | 0.0207 | 0.0202 | 0.0197 | 0.0192 | 0.0188 | 0.0183 |
| 2.1 | 0.0179 | 0.0174 | 0.0170 | 0.0166 | 0.0162 | 0.0158 | 0.0154 | 0.0150 | 0.0146 | 0.0143 |
| 2.2 | 0.0139 | 0.0136 | 0.0132 | 0.0129 | 0.0125 | 0.0122 | 0.0119 | 0.0116 | 0.0113 | 0.0110 |
| 2.3 | 0.0107 | 0.0104 | 0.0102 | 0.00990 | 0.00964 | 0.00939 | 0.00914 | 0.00889 | 0.00866 | 0.00842 |
| 2.4 | 0.00820 | 0.00798 | 0.00776 | 0.00755 | 0.00734 | 0.00714 | 0.00695 | 0.00676 | 0.00657 | 0.00639 |
| 2.5 | 0.00621 | 0.00604 | 0.00587 | 0.00570 | 0.00554 | 0.00539 | 0.00523 | 0.00508 | 0.00494 | 0.00480 |
| 2.6 | 0.00466 | 0.00453 | 0.00440 | 0.00427 | 0.00415 | 0.00402 | 0.00391 | 0.00379 | 0.00368 | 0.00357 |
| 2.7 | 0.00347 | 0.00336 | 0.00326 | 0.00317 | 0.00307 | 0.00298 | 0.00289 | 0.00280 | 0.00272 | 0.00264 |
| 2.8 | 0.00256 | 0.00248 | 0.00240 | 0.00233 | 0.00226 | 0.00219 | 0.00212 | 0.00205 | 0.00199 | 0.00193 |
| 2.9 | 0.00187 | 0.00181 | 0.00175 | 0.00169 | 0.00164 | 0.00159 | 0.00154 | 0.00149 | 0.00144 | 0.00139 |
| 3.0 | 0.00135 | 0.00131 | 0.00126 | 0.00122 | 0.00118 | 0.00114 | 0.00111 | 0.00107 | 0.00104 | 0.00100 |
| 3.1 | 0.00097 | 0.00094 | 0.00090 | 0.00087 | 0.00084 | 0.00082 | 0.00079 | 0.00076 | 0.00074 | 0.00071 |
| 3.2 | 0.00069 | 0.00066 | 0.00064 | 0.00062 | 0.00060 | 0.00058 | 0.00056 | 0.00054 | 0.00052 | 0.00050 |
| 3.3 | 0.00048 | 0.00047 | 0.00045 | 0.00043 | 0.00042 | 0.00040 | 0.00039 | 0.00038 | 0.00036 | 0.00035 |
| 3.4 | 0.00034 | 0.00032 | 0.00031 | 0.00030 | 0.00029 | 0.00028 | 0.00027 | 0.00026 | 0.00025 | 0.00024 |

# 索引

## ア行

アインシュタイン 20, 37, 39, 57~59, 113, 170
アインシュタインの関係式 59, 62, 90
アインシュタインの等価原理 155
アボガドロ数 59, 60

イオン化 124
イオン化ポテンシャル 125
一般相対論 39, 173
ETI 134, 143, 180
遺伝情報 180
易動度 52, 63
伊藤の確率微分方程式 69
伊藤の公式 70
インジェクション・エネルギー 127

ウィーナー-レヴィ過程 68, 73
宇宙線 7, 19, 51, 71, 75, 83, 127, 147
　　——のエネルギー・スペクトル 83, 86, 182
　　——の加速 79, 84, 128
　　——の起源 84
宇宙線加速 79
宇宙線源 82
宇宙線シャワー 75
宇宙線フラックス 138
宇宙線粒子の加速過程 71
宇宙の年齢 155, 169, 180
宇宙の背景放射 172
宇宙論 173

宇宙論的時間 40, 154, 156
ウーレンベック 69
運動エネルギーの等分配則 124

$H$ 関数 27, 31, 36, 148, 156, 157, 159, 161, 162, 173
$H$ 定理 37, 38, 161, 162, 176
SETI 144
SNU(太陽ニュートリノ単位) 16
エディントン 30, 173, 176
エネルギー等分配の法則 62
エネルギーの散逸 162
エネルギーの利得 87
エルゴード仮説 148
エルゴード性 148
エーレンフェスト 163, 168
エーレンフェストの犬のみの問題 167
エーレンフェストのつぼの問題 167
エントロピー 25, 32, 40, 123, 128, 148, 155, 161, 162, 173, 175, 177, 178
　　——の増大 35, 37
エントロピー最大の状態 123, 166, 167, 169, 175
エントロピー増大の法則 32, 156, 173, 176

オルバースのパラドックス 155, 169
オルンシュタイン 69
オルンシュタイン-ウーレンベック過程 69

## カ行

回帰直線 98
皆既日食 114
回帰分布 96
ガウス 111, 113
ガウス過程 90
ガウスの誤差分布曲線 94
ガウスの誤差法則 94
ガウス分布 24, 46, 51, 53, 88, 89, 105, 109, 111, 118, 124
ガウス分布関数 94
カオス 116~118, 182
拡散過程 49, 54, 55, 78, 109
拡散係数 46, 48, 50, 52, 54, 58, 59, 62, 68, 73, 78
拡散のパターン 77
拡散方程式 50, 62, 63, 68, 73, 82
確率 74, 93, 105
確率過程 55, 63, 68, 71, 73, 182
確率微分方程式 70
確率標本 139, 141
確率分布 89, 90, 102, 109, 139
確率変数 63, 71
確率密度 50
確率密度関数 64, 94
確率論 64, 71, 170
　　——のパラドックス 153
仮説 141
加速過程 128
加速の閾値 127
加速率 82
片側検定 143
カタストロフィー 101
カルノー・サイクル 32, 34

カルノーの原理　123
観測誤差　147
緩和時間　77

棄却域　142
危険率　141
気体運動論　19, 54, 109, 156, 168, 179
期待値　107, 133, 137
ギッブス分布　175
共分散　138
恐竜類の絶滅　129
銀河磁場　71

偶然誤差　93
偶然的な誤差　110
クォーク　37
区間推定　134, 140
クラウジウスの式　35, 36

系統誤差　118
系統的な誤差　110
ケプラー　117
ケプラー運動　117
ケプラーの3法則　117
検定　142

高エネルギー粒子加速器　115
光量子仮説　57
誤差　93, 104, 105, 107, 110, 113, 115, 118
――の広がり　104, 105
――の分散　98
――の分布　95
誤差発生の確率密度　93
誤差分布　106
誤差分布曲線　113
誤差法則　87, 92, 105, 109, 111, 118
古典電磁気学　39
古典力学の基本法則　39
コルモゴロフの上向き方程式　67
コルモゴロフの下向き方程式　67

## サ 行

最確値　94, 95, 105, 110, 112, 113, 115, 118
――の信頼限界　111
――の信頼度　110
最小2乗法　95, 98, 104, 111, 115, 118
作業仮説　141
サックス　37
サハ　125
サハの電離式　125
散逸系　87
三体問題　117

時間　38, 146, 173
――の局所性　151
――の普遍化　179
――の矢　162
時間平均　146
時系列　63, 71, 135, 138
自己組織化　128, 182
自己組織化臨界現象　4
システムの乱雑さ　156
ジップの法則　134
磁場　80
シャノン　173, 177
周期解析　149
自由電子　124
重力　172
――の方程式　39
重力場　145
重力平衡　29
出生消滅過程　75, 77
シュモルコフスキー　57
シュレディンガー　119, 123
循環過程の効率　34
衝突時間　77
情報　128, 148, 174, 177, 179
――におけるエントロピー　148
情報エントロピー　167
情報量　177～180
情報理論　128, 148, 167, 173, 177～180

小惑星パラス　111
進化時間　154
真値　105, 110, 116
信頼区間　140
信頼係数　140
信頼限界　103, 106, 140
信頼度　95, 106, 116, 134, 140
真理値　93, 94

推測統計　139
推測統計学　139
ストークスの法則　58
スワン　86

正規過程　90
正規分布　73, 88, 94, 95, 97, 104, 109, 124, 139
正規分布表　96
生物学的時間　40, 179
生物大絶滅　129
生命　180
――の進化　40, 129
『生命とは何か?』　119
セディグ　59
遷移確率　64, 65, 75
遷移確率行列　66
遷移確率分布　64
遷移確率密度　66
遷移確率密度関数　64, 68, 69
セント・ピータースバーグの問題　152

相関係数　138
相対黒点数　6, 11, 149
測定過程　103, 109
測定誤差の分布　92
測定値　115
速度分布　149
ソブラル　114

## タ 行

太陽　124
太陽活動　11, 18, 136, 138, 149
太陽黒点　136
太陽磁気　12

索　引

太陽磁気サイクル　136
太陽ニュートリノ　99
太陽ニュートリノ・フラックス　149
太陽ニュートリノ問題　16,100
太陽風　131,132
太陽フレア　41,79,86,149
太陽フレア粒子　53
ダーシー・トムソン　56
多体問題　19
ダランベール　153
単純マルコフ過程　63,64
断熱過程　32

地球外知的生命　143
知的生命　134,143,180
チャプマン-コルモゴロフの方程式　65,66
中心極限定理　51,94
超新星　82
超新星爆発　79,84

通信理論　174,177
ツェルメロ　36

デーヴィス　16,99
電子ニュートリノ　15,99
電磁誘導の法則　86
点推定　134
電離度　125
電離平衡　124,126
——の定数　125

等温過程　32
統計学　141
統計的仮説　141,143
——の検証　141,142
統計的推測　131,133
統計的な加速　79
統計的な推測技術　132
統計的な釣り合い　123
統計的分布則　23,91
特殊相対論　57,80
特性高度　92
ド・メレ　170

ドリフト運動　73
ドレイク　143
ドレイク方程式　143

ナ 行

内部エネルギー　32

2項分布　14,45,51,71,154,165,172
2進法　177
ニュートン　172
ニュートンの第2法則　39,103

熱エネルギー　25,32,162
熱核融合反応　40,77,176
熱的死　155,169
熱平衡　123,126,157
熱力学的時間　154,155,162
熱力学の第1法則　25,31
熱力学の第2法則　25,26,31,35,57,119,120,123,128,155,156,162,173
年平均気温の時系列　136
年平均水温　137

ハ 行

パウリの禁止原理　161
パスカル　170
パスカルの三角形　172
harmonic dial　10
ハロー　78
半減期　13

非可逆過程　36,182
光の屈曲　114
非線型過程　182
ビット　178
非ユークリッド幾何学　111
ビュッフォン　153
標準化変換　95,106
標準正規分布　51,140
標準偏差　14,93,95,98,104,105,106,111,118,124
標本　140
標本回帰係数　98

標本集団　107,131,139,141,142
標本相関係数　98
標本分散　107,116,133,139
標本分布　139
標本平均　133,139,140,142
開いたシステム　176

ファラディ　86
フェラー-アーレイ過程　75,76
フェルマー　170
フェルミ　71,79
フェルミ加速　71,83,86,87
フェルミ過程　71,78,127
フェルミ-ディラック統計　157～159,161,162,173,176
フェルミ-ディラック分布　161
フォッカー-プランク方程式　67,70,73
不確定性　148
不確定性原理　127
輻射のエントロピー　40
輻射平衡　29
物理学的時間　179
物理法則　102,103
負のエントロピー　123
不偏推定量　133
不偏分散　107,116
ブラウン　54,57
ブラウン運動　20,37,54,55,56,58,60,62,68,69,71,77,87,90,91,122,182
ブラウン粒子　58,59,61,63,68,72,73,77,78,87
フラクタル　182
フラクタル次元　41,109
フラクタル的挙動　41
プリンチペ島　114
分散　51,93,137
分子生物学　119

平均　98
——の移動速度　73
——のエネルギー利得　85
平均自由行程　78

平均操作 115, 116
平均速度 124
平均値 51, 93, 104, 112, 113, 115, 137
平衡 161
ベータートロン型加速 86
ペラン 37, 57, 60
ベルヌーイ 20, 153
ベルヌーイ分布 45
偏差 118
変動幅 104, 105

ポアッソン過程 15, 73, 77
ポアッソン分布 15, 17, 75
ポアンカレ 117
ボイル-シャールの法則 20, 26, 29, 92
崩壊寿命 13
放射性炭素 150
放射性崩壊 13, 75, 150
膨張宇宙 39
星の質量-光度関係 31
母集団 131, 133, 139, 141, 142
　──の確率分布 139
母集団分布 141
ボーズ-アインシュタイン統計 157〜159, 161, 162, 173, 176
ボーズ-アインシュタイン分布 161
母数 132, 133
母分散 107, 133, 139, 140, 142
　──の不偏推定量 133
母平均 133, 139, 140, 142
　──の検定 142
　──の不偏推定量 133

ボリヤイ空間 112
ボルツマン 20, 27, 37, 38, 148, 156, 173
ボルツマン定数 59
ボルツマン統計 157
ボルツマンの原理 27, 28, 31
ボルツマンの方法 27, 36
ボルツマン分布 126
ボルツマン方程式 23

## マ 行

マイナスのエントロピー 128
マクスウェル 20, 119〜123, 127, 128, 148
マクスウェルの知的な魔 119
マクスウェルの方程式 39
マクスウェルの魔 119, 121〜124, 127, 128, 167
マクスウェル-ボルツマン統計 157, 162, 173, 176
マクスウェル-ボルツマンの速度分布関数 24
マクスウェル-ボルツマン分布 20, 88, 90, 120, 121, 124, 127, 161
マクスウェル-ボルツマン分布則 149, 157
マリナー2号 132
マルコフ過程 63, 65, 71
マルコフ連鎖の遷移確率 65

ムンケ 57

## ヤ 行

有意水準 142

誘導電場 127
ユークリッド空間 111
ゆらぎ 124, 167
　──の幅 126

陽子・陽子連鎖反応 16, 77
弱い相互作用 115

## ラ 行

ラグランジュの未定係数法 175
ラプラス 170
ランジュバン 58, 61
ランジュバン方程式 61, 62, 69, 88
ランダム・ウォーク 44, 50, 55, 72, 73, 170
ランダム過程 71, 73
乱歩 63, 71, 77
乱歩問題 44, 49
乱流 108, 109

リーマン幾何学 113
リーマン空間 111
両側検定 143
量子コンピューター 167
量子力学 173

レプトン 37

ロシュミット 36, 165
ローレンツ変換 80

著者略歴

桜井邦朋（さくらい・くにとも）

1933年　埼玉県に生まれる
1961年　京都大学大学院理学研究科
　　　　博士課程修了
現　在　神奈川大学学長
　　　　理学博士

## 物理学の統計的みかた
― 物理現象の中に"ゆらぎ"をみる ―

定価はカバーに表示

2000年2月10日　初版第1刷

著　者　桜　井　邦　朋
発行者　朝　倉　邦　造
発行所　株式会社　朝　倉　書　店
　　　　東京都新宿区新小川町6-29
　　　　郵便番号　162-8707
　　　　電話　03(3260)0141
　　　　FAX　03(3260)0180
　　　　http://www.asakura.co.jp

〈検印省略〉

© 2000〈無断複写・転載を禁ず〉

壮光舎印刷・渡辺製本

ISBN 4-254-13078-3　C 3042

Printed in Japan

Ⓡ〈日本複写権センター委託出版物・特別扱い〉
本書の無断複写は，著作権法上での例外を除き，禁じられています．
本書は，日本複写権センターへの特別委託出版物です．本書を複写
される場合は，そのつど日本複写権センター（電話03-3401-2382）
を通して当社の許諾を得てください．

神奈川大 桜井邦朋著
# 物 理 学 の 考 え 方
―物理的発想の原点を探る―
13060-0 C3042　　A5判 256頁 本体4800円

あらゆる自然科学分野をとり入れるまでに発展した物理学について，その考え方，特に物理的発想とはどのようなものかを，物理学の歴史の中から種々の題材を選び語る。物理学史としての側面をもつとともに，研究者の思考過程をも開示する

神奈川大 桜井邦朋著
# 科学英語論文を書く前に
10068-X C3040　　A5判 200頁 本体3200円

論文を書く前に注意すべき事柄や具体的作業を指導。〔内容〕基礎編(常識の誤り，日本語の論理・英語の論理，論文を書く前に，論文を作る，例文でみる英語論文，私の経験から，他)／演習編(文章研究，まちがいやすい用法，他)／総括編

神奈川大 桜井邦朋著
# 天　　文　　学　　史
15012-1 C3044　　A5判 276頁 本体4800円

史前史時代から現代までの天文学について解説，とくに現代天文学につき詳述。〔内容〕史前史時代の天文学／古代の天文学／ギリシャの天文学／中世の天文学／近代への移行期／近代の天文学／20世紀の天文学／現代天文学の方向

京大 宗像豊哲著
# 物 理 統 計 学 ―基礎と応用―
13070-8 C3042　　A5判 212頁 本体2800円

物理学の領域で発展してきた統計力学的なアプローチを平易かつ統一的に解説。〔内容〕予備的考察と準備／アンサンブル理論とその応用／確率過程の理論と応用／多体系のダイナミクスと情報処理／力学系入門／不可逆過程の統計力学入門

京大 川原琢治著
# ソリトンからカオスへ
―非線形発展方程式の世界―
13063-5 C3042　　A5判 224頁 本体4600円

〔内容〕複雑な物理系から簡単な近似方程式へ／ソリトン方程式の解法／可積分性と判定法／可積分性の破れ／カオスへの移行／可積分系から離れた場合のカオス／多次元のソリトンや空間的な散逸構造／微分方程式の解の安定性と数値計算法

元京大 山口昌哉著
カオス全書1
# カ　オ　ス　入　門
12671-9 C3341　　A5判 96頁 本体1700円

「法則でありながら予測しがたい結果をもたらす」カオス。その概念を第一人者がやさしく解説し，興味深い応用例で普遍性・創造性を提示する。〔内容〕いろいろの関数とカオス／カオスの理論／差分方程式／数理社会学／常微分方程式系の離散化

龍谷大 森田善久著
カオス全書3
# 生 物 モ デ ル の カ オ ス
12673-5 C3341　　A5判 144頁 本体2400円

「生物の数理モデル」に現れるカオスについて，数学的な面から入門的な解説を行う。モデルの非線形性とカオスの存在について，具体的なモデルを通じて議論。〔内容〕生物モデルとカオス／離散モデル／連続時間モデル／時間遅れのモデル／他

京大 畑 政義著
カオス全書6
# 神経回路モデルのカオス
12676-X C3341　　A5判 132頁 本体2300円

"未知なる小宇宙"脳の働きを体系化するモデルを数学的に解説し,関連するトピックスを集めた"不連続カオス"の世界〔内容〕神経方程式と力学系(脳とは／他)／周期アトラクタ／非周期アトラクタ／パラメータ空間／興奮率／位相共役性

D.M.コンシディーヌ編　江戸川大 太田次郎他監訳
# 科 学 ・ 技 術 大 百 科 事 典

〔上巻〕10164-3 C3540　A4判 1084頁 本体95000円
〔中巻〕10165-1 C3540　A4判 1112頁 本体95000円
〔下巻〕10166-X C3540　A4判 1008頁 本体95000円
〔全3巻〕　　　　　　A4判 3204頁 本体285000円

植物学，動物学，生物学，化学，地球科学，物理学，数学，情報科学，医学・生理学，宇宙科学，材料工学，電気工学，電子工学，エネルギー工学など，科学および技術の各分野を網羅し，数多くの写真・図表を収録してわかりやすく解説。索引も，目的の情報にすぐ到達できるように工夫。自然科学に興味・関心をもつ中・高生から大学生・専門の研究者までに役立つ必備の事典。
『Van Nostrand's Scientific Encyclopedia, 8/e』の翻訳

上記価格（税別）は 2000 年 1 月現在